# Die Romantik der Chemie

Oskar Nagel



Alpha Editions

This edition published in 2022

ISBN : 9789356710580

Design and Setting By
**Alpha Editions**
www.alphaedis.com
Email - info@alphaedis.com

# Die Romantik der Chemie

Wenn irgendeine Wissenschaft uns zu souveränen Herren der Natur gemacht und uns aus Naturbeherrschten in Beherrscher der Natur umgewandelt hat, so ist dies das spätgeborene Kulturkind der Menschheit, die Wissenschaft der Chemie. Sie gleicht einem Kinde, das Jahrtausende dazu gebraucht hat, das Sprechen zu erlernen, aber dann mit einemmal imstande war, die während der Jahrtausende angehäuften Eindrücke, die es von der Welt empfangen, in prachtvoller, sinnreicher, künstlerischer Sprache wiederzugeben. Sie gleicht einer Pflanze, die durch Jahrtausende kräftig-fleischige Blätter angesetzt hat, um plötzlich, über Nacht, die schönsten Blüten hervorzubringen. Sie gleicht einem spät erkannten, lange verachteten Stein, der, endlich gewürdigt und erkannt, durch diese Erkenntnis wie mit einem Zauberstabe berührt, sich in jeden gewünschten, wunderbar-merkwürdigen Stoff verwandelt; oder dem mystischen Schlüssel Mephistos, der den grauen formlosen Nebel in Götter umformt.

Wie geheimnisvoll und märchenhaft klingt schon der Name „Chemie“! Und in der Tat, sie ist märchenhaft: ein Dornröschen, durch das reine Streben geistvoller Männer aus dem Schlafe erweckt; ein Midas, der alles, was er anfaßt, in Gold verwandelt; ein Heiliger, der Wasser aus dem Felsen schlägt; ein vom edelsten Willen beseelter Erlöser, der alle Hungrigen speisen möchte; ein Herakles, der den Augiasstall reinigt; ein licht- und wärmebringender Prometheus; ein bergezertrümmernder Titan; ein heilender Äskulap; eine kunstfertige, schmuckliebende Athene – das alles ist die Chemie.

Ein Midas, der, was er berührt, in Gold oder Goldeswert verwandelt, der aus schmutzigem Erz und Sand Gold und Eisen herstellt, anspruchslose Erden zu sonnenhaftem Lichte erglühen läßt, durch Zusammenschmelzen weicher Stoffe diamantharte Substanzen darstellt, durch Vermengung schwacher Materien Sprengstoffe von ungeheurer Gewalt erzeugt, der aus traurig-schwarzer Kohle prächtige Farben in heiterer Buntheit erstehen läßt, und so reichlich erschafft, was die Natur kärglich hervorbringt.

Midas ist das Sinnbild des nach Besitz gierigen und nach dem Besitz der Besitze, nach Gold, hungrigen Menschen. Solange das Menschengeschlecht lebt, lebt Midas.

Das Gold hat schon frühzeitig durch seinen Glanz, seine auffallende Farbe und seine Unveränderlichkeit die Aufmerksamkeit des vorhistorischen Menschen auf sich gezogen, seine Habsucht erweckt und die Lust gereizt, sich damit zu schmücken, zumal da es sehr leicht bearbeitet werden kann.

Goldene Hefteln, goldener Halsschmuck waren damals das Vorrecht der Mächtigen und Reichen. – Ursprünglich beachtete man wohl nur die größeren in der Natur gediegen vorkommenden Goldklumpen und -klümpchen, doch schärfte sich allmählich der golddurstige Blick, so daß der Mensch auch Goldkörner zu sammeln begann, wie man sie in dem Flußsande mancher Gewässer findet. Hierauf lernte man von den Flüssen das Waschen von Gold, das Schlämmen und den daraus entstandenen einfachen Pfannenprozeß, indem man fließendes Wasser durch goldhaltigen Sand leitete, so daß der leichtere Sand mit dem Wasser fortgeführt, das schwere Gold aber zurückgelassen wurde. Schließlich erfand man das „Pochwerk“, in dem goldreiches Gestein zu Sand zerpocht und zerhämmert wurde, woraus dann durch Schlämmen das Gold ausgewaschen werden konnte. Darüber kam man durch Jahrtausende nicht hinaus. Und Handel und Industrie waren durch den Mangel an Gold, das inzwischen zum Wertmesser erhöht worden war, in ihrer Entwicklung stark gehemmt.

So litt die Menschheit unter selbstauferlegten Fesseln, quälte sich ab in dem selbstgezimmerten Prokrustesbette. Da kam ihnen ein Zauberer in ihrem Kampfe ums Gold zu Hilfe.

Die moderne Chemie lieferte neue Waffen für diesen Kampf, Waffen von bisher ungeahnter Schärfe und Wirksamkeit, und ermöglichte die Gewinnung des Goldes aus Gesteinen, die so wenig davon enthielten, daß man vorher nicht nur die Gewinnung für unmöglich gehalten, sondern nicht einmal die Anwesenheit des Goldes darin hätte feststellen können. Die ganze Art der Goldgewinnung wurde damit von Grund aus geändert, ein völlig neues Verfahren drängte das alte Waschverfahren in den Hintergrund und gestattete eine bedeutende Vergrößerung der Golderzeugung der Welt. Die Goldsucher, die sogenannten „*Prospectors*“, begannen wieder tätig zu werden; mit ihrer einfachen Ausrüstung durchstreiften sie, golderzsuchend und auf rohe Art – so gut es eben ohne viel Sachkenntnis und mit einfachen Mitteln möglich war – auch golderzprüfend, die Goldgebiete Afrikas, Amerikas und Australiens, nahmen Beschlag von den Minerallagern, in denen sie Gold fanden, steckten ihre „Claims“ aus, ließen diese ihre Ansprüche von der Bergbauobrigkeit bestätigen, verteidigten ihre Rechte mit scharfgeladenem Revolver und errichteten dann Schmelzwerke an Ort und Stelle oder verkauften ihre Rechte an die großen Goldunternehmer.

Während man also ursprünglich nur das Gold gewann, das man mit seinen eigen Augen sah, und später auch solches, das man nach einer einfachen Schlämmprobe im „goldverdächtigen Sande“ gefunden hatte, tritt mit den Errungenschaften der neueren Chemie und Technik die Goldgewinnung in ein neues Stadium. Der Laboratoriumschemiker hat nun seine Hilfsmittel derart verfeinert, daß er das Gold in goldarmem Gestein selbst dann noch ganz genau nachweisen kann, wenn bloß ein Gramm des Edelmetalls in

1000 Kilogramm Gestein enthalten sind, also selbst dann, wenn es bloß ein Millionstel des Gesteinsgewichtes ausmacht. Und der technische Chemiker hat nach vielen mühevollen Versuchen gelernt, diese Ergebnisse des Laboratoriums zu benutzen und zwar gewinnbringend zu benutzen, wenn der Goldgehalt des Gesteines in 1000 Kilogramm 6 Gramm oder mehr beträgt. Man muß versuchen, sich dieses Gewichtsverhältnis vorzustellen, wenn man die Größe dieser Leistung, die Romantik des Vollbrachten, würdigen will. Die Zeit, wo der Alchimist vergeblich in seiner Kammer brütete, hat einer Zeit genauer, sicherer, erfolgreicher und gewaltiger Arbeit Platz gemacht. Ganze Sandberge werden heute in Amerika mit großen mechanischen Schaufeln abgetragen, Berge von gemeinem, unscheinbarem Sand, Berge von Sand, die in 1000 Kilogramm 6 Gramm Gold enthalten, aus dem das Edelmetall mit großem Vorteile gewonnen wird.

Das Verfahren, durch das diese Gewinnung ermöglicht wird, ist das denkbar einfachste. Das Erz wird – wenn es nicht schon ohnehin sandförmig ist – zunächst gemahlen und zwar in sogenannten Kugelmühlen – kurze, sich drehende Trommeln mit Stahlkugelfüllung, worin die Kugeln durch die drehende Bewegung geschüttelt werden und dadurch eine mahlende Wirkung ausüben – oder in sogenannten Rohrmühlen, in denen die mahlenden Kugeln in einem langen Stahlrohre untergebracht sind. Manche Erze müssen vor dem Zermahlen mit Hilfe von Röstöfen unter Luftzutritt erhitzt, „geröstet“ werden (Abb. 1, 2, 3).

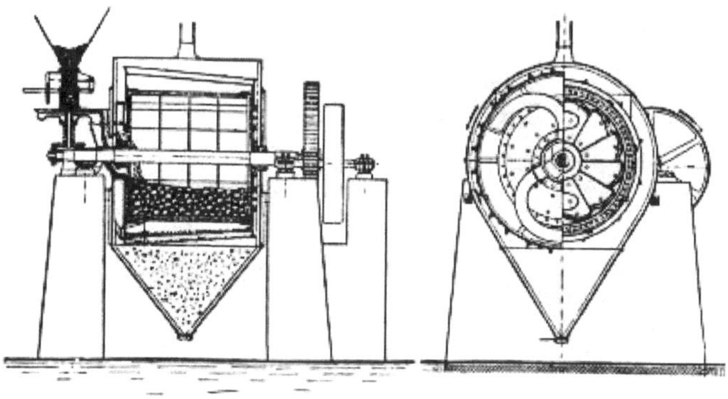

Abb. 1. Kugelmühle.

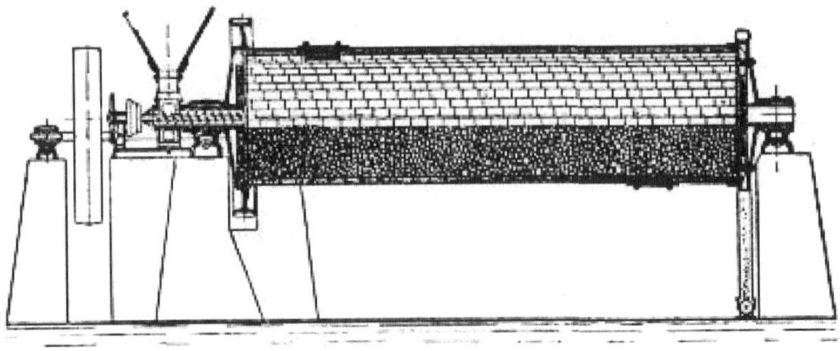

Abb. 2. Rohrmühle.

Die gemahlenen Erze kommen nun in große Bottiche, Zyanidbottiche genannt, die in manchen Werken einen Durchmesser von 10 Metern haben und mehrere Meter hoch sind. Verdünnte Zyankaliumlösung wird nun dazugetan, und diese Lösung wird mit Hilfe einer Pumpe solange in Umlauf versetzt und in Bewegung erhalten, bis das Gold vollständig aus dem Erz entfernt und im Zyankalium gelöst ist. Die Zyankaliumgoldlösung wird nun aus dem Bottich abgezogen und das darin enthaltene Gold entweder mit Hilfe des elektrischen Stromes oder mit Hilfe von Zinkspänen, die das Gold zu „fällen" vermögen, als feiner Goldschlamm gewonnen, der dann in kleinen Öfen umgeschmolzen wird (Abb. 4, 5, 6, 7).

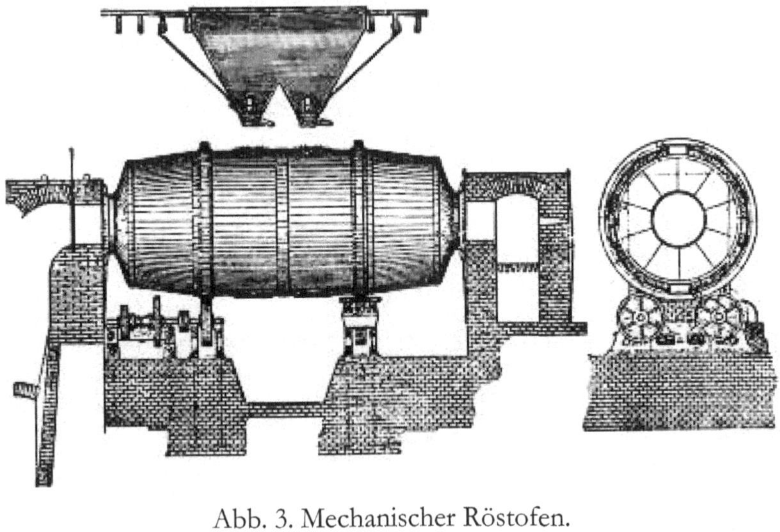

Abb. 3. Mechanischer Röstofen.

Vor der Entdeckung dieses Verfahrens, des sogenannten Zyanidprozesses, waren die Erze, die heute hauptsächlich damit verarbeitet werden, ganz wertlos, da eine Gewinnung des Goldes durch Schlämmen aus ihnen unmöglich war, weil einesteils das Gold darin in eigentümlichen

Verbindungen, gleichsam chemisch verwachsen vorkommt, und anderesteils in so feiner Verteilung das Erz durchsetzt, daß man für den Schlämmprozeß ein Pulver von mindestens 1/40 Millimeter Körnergröße hätte herstellen müssen. Das bedeutet aber solche Feinheit, daß auch das Gold durch fließendes Wasser fortgeschwemmt wird und sich lange Zeit in der Flüssigkeit schwebend erhält.

Sowohl in Amerika als auch in Afrika und Australien sind nun riesige Zyanidanlagen in fortwährender Tätigkeit, um das Gold aus zermahlenem Golderz oder schwach goldhaltigem Sande auszuziehen, und der größte Teil der Weltproduktion, die im Jahre 1911 an 1900 Millionen Mark betrug, wird auf diese Weise gewonnen. Im hügeligen und bergigen Gelände des amerikanischen Westens sieht man häufig die eigenartig gebauten, an den Bergabhang gelehnten Zyanidwerke, denen oben das Erz in Waggonladungen zugeführt wird. Auf dem Wege nach unten wird dem Erz das Gold durch Zyankalium entzogen und am unteren Ende der „Goldmühle" das gediegene Gold in Barren gegossen. Unermüdlich mahlen die Mühlen, unermüdlich übt das Zyankalium seine lösende Wirkung aus; ohne Ruhe und ohne Rast, Tag und Nacht, in stetiger, einförmiger Gleichmäßigkeit wird hier gewonnen, was dann draußen die Menge in rasende Aufregung versetzt, wird das Ziel der Habgier gewonnen, wird das gewonnen, was viele für den eigentlichen Lebenszweck halten, das, was sie für wertvoller achten als das Leben selbst (Abb. 8).

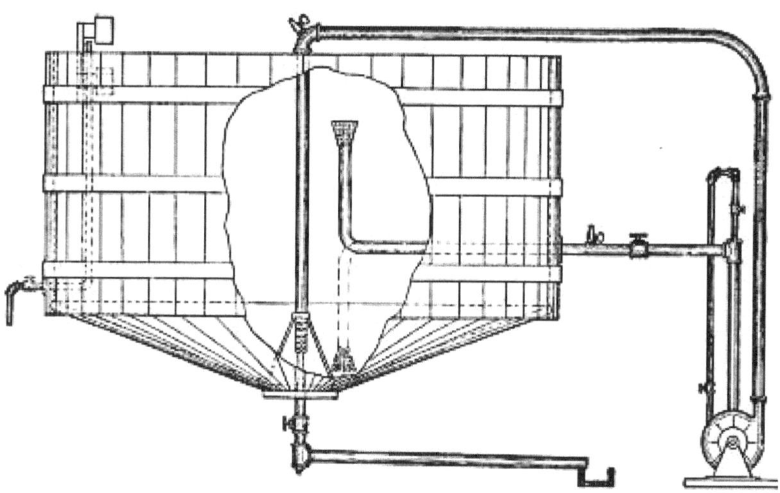

Abb. 4. Zyanidbottich.

Aber selbst durch die jetzt mögliche große Golderzeugung ist das Streben nach Gold nicht befriedigt, und unbefriedigt ist auch die forschende Neugier des Menschen. Gleich der Lernäischen Schlange bringt jede gelöste Frage weitere Aufgaben hervor; ist ein neues Verfahren gefunden, da heißt es wieder alle Einzelheiten des Verfahrens verbessern, und jede Einzelheit stellt eine neue Aufgabe dar. Dazu kommt noch das beständige Streben nach Verbilligung der Rohmaterialien, das Streben, selbst das elendeste Material verwenden zu können.

Man wird nun fragen: Kann für die Goldgewinnung noch minderes Material zur Verwendung kommen, als das heute verwendete arme Erz? Ist es nicht hinreichend, wenn man 6 Gramm Gold aus 1000 Kilogramm Gestein gewinnt? Die Antwort lautet: Nein, für den strebenden Menschen ist nichts hinreichend. Er kennt keinen Stillstand, soll keinen kennen. „Im Weiterschreiten find' er Qual und Glück, Er, unbefriedigt jeden Augenblick."

Abb. 5. Spezialbottich zur Goldgewinnung.

So hat man denn die Aufmerksamkeit auf ein Goldlager gelenkt, das wohl groß und mächtig ist, aber nur so geringe Spuren Goldes enthält, daß schon die Absicht, es zu gewinnen, lächerlich und das Gelingen dieses Versuches als wahrhaft romantisch erscheinen muß. Dieses große Goldlager ist der Ozean. Während man bisher nach dem Zyanidverfahren 6 Gramm Gold aus 1000 Kilogramm Erz gewinnt, handelt es sich nun darum, Gold aus dem Seewasser zu gewinnen, das in mehr als 200 000 Kilogramm ein Gramm Gold enthält, also nur 1/1200 so viel wie die ärmsten heute verarbeiteten Erze. Aber man scheut eben auch vor dem scheinbar Widersinnigen nicht zurück, man tritt guten Mutes an die Aufgabe heran, Gold aus einer Lösung zu gewinnen, die in 200 000 000 Gewichtsteilen nur einen Gewichtsteil Gold enthält, und die Frage, einmal aufgeworfen, wird fort und fort bearbeitet, bis sie gelöst ist. Sie läßt den Kopf des Forschers nicht zur Ruhe kommen; er muß sich mit ihr beschäftigen, ganz gleichgültig, ob die Lösung für ihn gewinnbringend ist oder nicht.

Hier müssen wir uns fragen, ob eine solche Gewinnung des im Meerwasser gelösten Goldes (wohlgemerkt, es ist gelöst und nicht als Pulver oder Staub im Seewasser enthalten) die Golderzeugung der Welt bedeutend erhöhen, ob sie gewinnbringend gestaltet werden und welche Folgen sie schließlich für die menschliche Kultur haben könnte.

Abb. 6. Fällkästen im Fällungsgebäude.

Ein Kubikmeter Seewasser enthält 5 Milligramm Gold; ein Kubikkilometer 5000 Kilogramm. Da nun die Weltmeere einen Rauminhalt von über 1 200 000 000 Kubikkilometer besitzen, so enthalten die Ozeane der Erde 6 000 000 000 000 Kilogramm Gold. Gegenwärtig beträgt die jährliche Golderzeugung der Welt ungefähr 500 000 Kilogramm, und dürfte bei Anwendung des Zyanidverfahrens eine Menge von 600 000 Kilogramm wohl niemals überschreiten; demnach würde das Gold des Ozeans das Zehnmillionenfache der gegenwärtigen Jahreserzeugung gegenüber darstellen.

Abb. 7. Goldschmelzofen.

Eine mächtige Aufgabe also, dieses ungeheure Goldlager zu erschließen, den Golddurst der Menschheit zu stillen, das Gold schließlich aus seiner tyrannischen Ausnahmestellung, die es als Wertmesser und Geldmaßstab innehat, zu verdrängen und dadurch die Menschheit vom Joche der Goldsklaverei zu befreien, einer Sklaverei, die um so mehr zunehmen würde, als die heutige Golderzeugung durch das Zyanidverfahren sich wohl nicht lange auf der bisherigen Höhe wird halten können.

So ist man denn kühn auf das Ziel zugeschritten. Die ersten Ideen und Pläne zur Gewinnung des ozeanischen Goldes gingen darauf hinaus, das Wasser in große Bottiche zu pumpen und ihm Zinnsalz zuzufügen; dadurch wollte man das Gold als Pulver ausscheiden, da es sich auch aus gewöhnlicher Goldlösung bei Zugabe dieses Salzes ausscheidet. Es fand aber wider Erwarten im Bottich keine nennenswerte Goldausscheidung statt, da das Seewasser eine unendlich verdünnte Goldlösung darstellt, in der eben das Zinnsalz nicht mehr wirkt. Aber selbst wenn das Gold auf diese Weise ausgeschieden werden würde, so wären infolge des äußerst geringen Goldgehaltes des Meerwassers, der langen Zeitdauer, die das Absetzen des Goldstaubes in Anspruch nimmt, usw., so viele und so große Holzbottiche zur Gewinnung selbst kleiner Goldmengen nötig, daß ein solches Verfahren – bei dem das Seewasser durch lange Zeit hindurch in einem

Bottiche gehalten werden muß – von vornherein jeden technischen Erfolg ausschließt.

Und so schritt man in Amerika, an der Küste des Atlantischen Ozeans zu ganz eigenartigen Versuchen, die in den Jahren 1910 und 1911 bei Fire Island, und an verschiedenen Punkten der Küste von New Jersey ausgeführt wurden. Man suchte und fand einen Stoff, der zu dem in äußerster Verdünnung vorhandenen Golde eine so nahe chemische Verwandtschaft hat, daß Seewasser beim Durchfließen eines mit diesem Stoff erfüllten Behälters das gelöste Gold an den „Stoff" abgibt, in dem sich das Metall derartig anreichert, daß man schließlich ein sehr goldreiches „künstliches" Erz erhält, aus dem dann das Gold auf mannigfache Weise gewonnen werden kann.

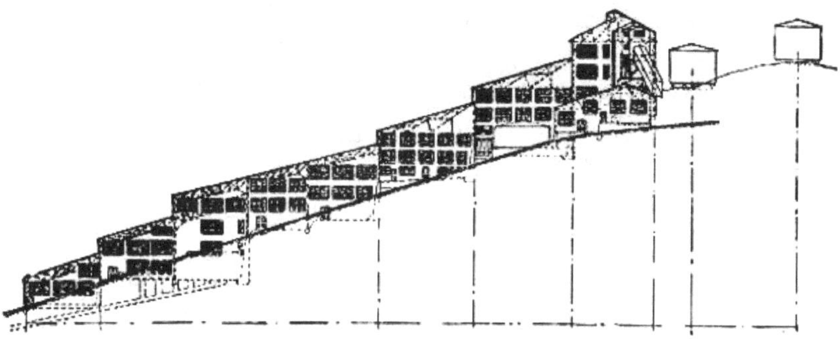

Abb. 8. Amerikanische Zyanidanlage.

Nach vielen Versuchen fand man nämlich, daß Hochofenschlacke, nachdem sie mit Eisenvitriol behandelt worden war, und auch einige andere Stoffe die Eigenschaft haben, das Gold dem Seewasser zu entziehen. Man fand, wie der „Stoffbehälter", durch den das Seewasser fließt, zweckmäßig gebaut und angelegt werden müsse; man fand durch praktisches Ausprobieren der Pumpen, daß die Förderung des Wassers aus dem Ozean in den „Stoffbehälter" sehr billig ausgeführt werden könne; man fand, wie man an einer Landzunge eine derartige Fabrikanlage errichten könne, so daß stets frisches Seewasser in die Pumpen gelangt und das des Goldes beraubte Wasser in solchem Abstande abfließt, daß es nicht wieder in die Pumpen gelangen kann. Und so ist nun der Grundstein gelegt für eine neue chemisch-metallurgische Industrie.

An diesem Beispiele sehen wir klar und deutlich, wie die Chemie ihre Mittel und Methoden immer mehr verfeinert und wie sie mit Kleinem und Kleinerem, Großes und Größeres erreicht. Nichts ist ihr zu gering, denn sie weiß unzählige kleine Teile zu einer mächtigen Summe zusammen zu addieren, die stoffliche Zerstreutheit wie durch eine Brennlinse zu mächtiger Einheit zu sammeln.

Abb. 9. Hochofenanlage mit Hafen in Rheinhausen bei Duisburg (Firma Fried. Krupp A.-G., Essen.)

Dieselbe Sorgfalt, die man der Entdeckung und Verwertung von Spuren von Gold gewidmet hat, ist auch den gröberen Metallen zuteil geworden, und dadurch sind Gegenstände, die in früheren Zeiten nur den Reichsten zur Verfügung standen, Allgemeingut geworden; die chemische Technik hat in glänzender Weise die Aufgabe gelöst, ungeheure Massen von Rohmaterial zu verarbeiten, um die Ansprüche des Menschengeschlechtes zu erfüllen. Auch bei diesen gröberen Metallen hat man gelernt, mindere und ärmere Rohmaterialien zu verwerten und dadurch – da die armen Erze sich in schier unerschöpflichen Lagern vorfinden – das Fabrikat zu verbilligen.

Abb. 10. Blick in eines der Gasgebläsehäuser der Gußstahlfabrik Fried. Krupp A.-G., Essen.

Was in dieser Hinsicht erreicht und geleistet worden ist, können wir insbesondere an der Entwicklung der Eisenindustrie sehen. In früherer Zeit wurde nur ausgezeichnetes, reiches, stückförmiges Erz verarbeitet. In kleinen, niedrigen Öfen wurde das Erz mit Holzkohle vermischt, der Wirkung der Gebläseluft ausgesetzt, und mühsam arbeiteten die plumpen Gebläsemaschinen. In kleinen Mengen wurde da das Gußeisen hergestellt, um dann durch umständliche Handarbeit, durch Rühren auf Herdöfen, in Stahl umgewandelt zu werden. Diese Umwandlung beruht, nebenbei bemerkt, im wesentlichen darauf, daß Gußeisen, das stets an Kohlenstoff reich und deshalb spröde ist, wenn es in geschmolzenem Zustande mit Luft in Berührung kommt, einen großen Teil des Kohlenstoffes verliert, indem dieser durch die Luft verbrannt wird. Dadurch geht das Gußeisen in ein kohlenstoffarmes, elastisches Material, Stahl genannt, über.

Aus dem kleinen Eisenschmelzofen ist im Laufe kurzer Zeit der riesige, moderne Hochofen geworden; die verbrauchte Gebläseluft, die oben als Gichtgas abzieht, wird heute in großen Gasmaschinen verbrannt; dadurch werden Millionen von Pferdekräften, die vormals verloren gingen, als Betriebskraft für riesige Gebläse- und andere Maschinen und zum Heizen von Dampfkesseln nutzbar gemacht (Abb. 9, 10).

Anstatt reichen, stückförmigen Erzes wird heute minderwertiger Erzstaub verarbeitet; hat man früher die Umwandlung von Roheisen in Stahl nur mühsam vollbracht, so geschieht dies heute automatisch auf die allerbequemste Weise in denkbar kürzester Zeit. Drei Stahlgewinnungsverfahren herrschen heute in der Industrie, und ein viertes bewirbt sich rege um die Mitherrschaft. Nach dem Bessemerverfahren kommt das flüssige Roheisen in ein großes, mit feuerfestem Ton ausgemauertes, birnenförmiges Gefäß, die Bessemerbirne, die oben offen ist, während unten gepreßte Luft durch das in der Birne enthaltene flüssige Roheisen geblasen wird, um es in wenigen Minuten in Stahl zu verwandeln. Das Thomasverfahren verwendet dieselbe Vorrichtung, benützt aber Kalk und Magnesia als Ausmauerungsmaterial, was zur Folge hat, daß phosphorsäurehaltige Erze, die im Bessemerverfahren nicht verarbeitet werden können, zur erfolgreichsten Verwendung kommen, während zugleich die phosphorsäurereiche Thomasschlacke, gepulvert Thomasmehl genannt, als wertvolles Düngemittel erhalten wird. Das dritte Verfahren ist das Martinverfahren, bei dem gasgefeuerte, horizontale Öfen verwendet werden. Neuestens tritt die Elektrostahlerzeugung auf den Plan und wird in kohlenarmen Ländern, die über Wasserkräfte verfügen, von täglich steigender Bedeutung, da sich in solchen Ländern bei der Möglichkeit, Elektrizität billig herzustellen, der Betrieb elektrischer Öfen gut lohnt (Abb. 11, 12, 13, 14.)

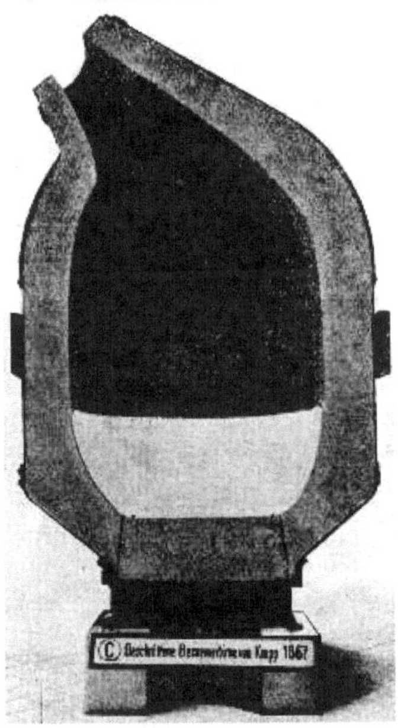

Abb. 11. Geschnittene Bessemerbirne
der Firma Fried. Krupp. (Deutsches Museum.)

Abb. 12. Bessemerbirne gekippt zum Entleeren des erzeugten Schmiedeeisens.
(Deutsches Museum.)

Zumal in der jüngsten Vergangenheit hat sich die Eisenindustrie mächtig entwickelt. Immer riesenhafter wurden die Maße genommen, von den Erzbunkern bis zu den Werkstätten und Magazinen. Vorratskammern für Erz (Silos) bis zu 300 Metern Länge, zwei- und dreifach nebeneinander gebaut, sind gar nicht selten. Und welche Massen werden mit einem Male auf die Gichtplateaus gefördert, um von da in den Hochofen zu gelangen! In schwindelnder Höhe schwebt der Erzkübel, der selbst seine sieben Tonnen wiegt; mit einem ebenso schweren Inhalt an Erz. Die Gasreinigungen, durch die das oben entweichende Hochofengas von Staub befreit wird, um zum Betrieb von Gasmotoren brauchbar zu werden – vor Jahren kleine Nebenanlagen – sind heute großmächtige Fabriken geworden, in denen ein Dutzend komplizierter Apparate steht. Die „Zentralen“, in denen das Gichtgas zur Krafterzeugung verwendet wird, zählen erst mit von 25 000 Pferdestärken an; und zwölf mächtige Gasmotoren ist das gewöhnliche; manche Anlagen bergen vierzehn dieser Ungeheuer mit 40 000 Pferdestärken und mehr; auf der einen Seite die Hochofengebläse mit dem kurzen, stoßenden Atem, auf der anderen Seite die Gasdynamos in Reihe und Glied, die ungeheueren Schwungräder bewegend. Die Hochöfen werden immer höher und weitbauchiger. In Deutschland baut man sie jetzt mit einem Fassungsraum von einer halben Million Kilogramm. Die Mischer aber, in denen das flüssige Roheisen aufgespeichert wird, sind doppelt so groß, was das Fassungsvermögen anlangt. Die Thomaswerke sind zu Kolossalbauten geworden; den 30-Tonnen-„Konverter“ sieht man schon sehr oft, und Martinöfen von 110 Tonnen sind nichts Unerhörtes.

Die Rohblöcke, die ins Walzwerk geschafft werden, sind bis auf fünf Tonnen das Stück angewachsen. Man walzt Längen bis zu 120 Meter. In Hagendingen ist die Halle vom Blockwalzwerk bis zur Verladung 530 Meter lang.

Solche Massenräume mit ihren gigantischen Erzeugnissen verlangen entsprechende Transporteinrichtungen. Man bedenke, daß allein auf dem Hochofenwerk Kneuttingen des Lothringer Hütten-Vereins täglich 1200 Waggons zu befördern sind. Da die verwendeten Erze nur wenig gehaltreich sind, braucht man große Mengen, ebenso von Koks. Das Roheisen soll zum Mischer und Sammelwerk, der Block zum Walzwerk, die Fertigfabrikate sollen in den Waggon. Man sieht zwar auf einem alten Werk noch einige wohlgenährte Pferdchen Schienen zu den Bearbeitungsmaschinen ziehen; in demselben Werk mühen sich auch noch viele Männer ab, um einen Wagen mit Knüppeln zu schieben. Aber das sind Ausnahmen, die heute ins Museum gehören und auch bald verschwinden werden. Im übrigen hat die Industrie in der schweren Massenbeförderung bewundernswerte Fortschritte gemacht. Da ist die elektrische oder feuerlose Lokomotive und vor allem der Kran und die Drahtseilbahn; Kräne bis 55 Meter Spannweite bestreichen die weiten Räume und arbeiten dabei so leicht und geschickt, wie eine menschliche Hand. Drahtseilbahnen von Meilenlängen sind keine Seltenheit, und gewaltige Hochbahnen wecken unser Erstaunen.

„Ausschaltung der menschlichen Arbeitskraft ist das ideale Ziel. Die Mechanisierung der Arbeit beherrscht die Werke. Du stehst in dem endlos großen Hochofenwerk; vom Erzlager bis zu den Zentralen kaum ein Mensch; es donnert und poltert, es braust und zischt, aber das Ganze scheint von unsichtbaren Händen geleitet zu sein. In der Elektrohängebahn, die die Erze auf den Ofen schafft, stehen an den entscheidenden Punkten einzelne Leute, um das weitläufige Getriebe vor Störungen zu bewahren; Lichtsignale erleichtern die Verständigung. Auf dem Gichtplateau des modernen Hochofens sieht man keinen Menschen. Der Erzkübel setzt sich automatisch auf den Hochofen, entleert sich in den Ofenschacht und schließt den Ofen.

So geht die Arbeit Tag und Nacht, Jahre hindurch, bis der Ofen seine Reise beendet hat."

Abb. 13. Bessemerwerk (Fried. Krupp A.-G., Essen).

An Licht und Luft ist nicht gespart. Schön und gewaltig hat man in den letzten Jahren auch für den Arbeiter und Angestellten gebaut. Eine Arbeiter- und Beamtenkolonie ist prächtiger als die andere; dazu kommen Kasinos, Konsum-Anstalten, Ledigenheime, Speiseanstalten, Schlafhäuser. Der Mann aus dem Mittelstande kann nicht besser untergebracht sein als die Mehrzahl der Arbeiter und Beamten in den Eisenwerken. So muß es aber auch sein. Man hat schon Sorgen genug, Arbeiter zu bekommen und festzuhalten. Man muß den Leuten Annehmlichkeiten bieten, denn die nächste Stadt ist weit und die Zeit sie zu besuchen, fehlt. So sind denn die Wohlfahrtseinrichtungen unbedingt notwendig, und die Millionen, die dafür aufgewendet werden, gehören zu den notwendigen Ausgaben.

Man wirtschaftet sparsam; alle Abfallstoffe werden verwertet; das Hochofengas zur Krafterzeugung; die Hochofenschlacke zur Zementfabrikation und zur Erzeugung von Schlackenwolle, die als Filtriermaterial dient.

Der Stahl der großen Stahlwerke wird dann von kleineren Spezialfabriken noch weiter veredelt und wertvoller gemacht. Welche Werte die Veredelung des Eisens schafft, möge ein Beispiel zeigen: 100 Kilogramm Roheisen kosten 5 Mark; in Form von Uhrfedern aber haben 100 Kilogramm Eisen einen Wert von 1 700 000 Mark.

So veredelt die Chemie die Stoffe, die wir aus den dunklen Schächten und aus der finsteren Meerestiefe heraufholen. Lichtverbreitend und aufklärend schafft sie stets Fortschritt. Lichtverbreitend auch im eigentlichen Sinne des Wortes. Die Chemie hat uns die Mittel in die Hand gegeben, das armselige Öllämpchen und die dürftige Talgkerze durch sonnenähnliche Lichtquellen zu ersetzen. Sie brachte uns die Stearinkerze, diese sichere, bequeme, tragbare Gasfabrik, in der das Stearin geschmolzen, vergast und verbrannt wird; sie ließ uns das Leuchtgas finden und das Petroleum, das Gasglühlicht, die Quecksilberdampflampe und das Azetylen; und sie half mächtig mit bei der Verbesserung der elektrischen Glühlampen, so daß das Meer von Licht, das heute von jeder Stadt ausgeht, und die Billigkeit des modernen elektrischen Glühlichtes in hohem Maße der Chemie zu danken sind.

Abb. 14. Martinwerk I (Fried. Krupp A.-G., Essen).

Das Leuchtgas, welch kühne Erfindung! Welche Überwindung von Schwierigkeiten in der Anwendung! Welcher Arbeitsaufwand war erforderlich, um nur die unterirdischen Röhren in einem die ganze Stadt versorgenden Netze zu legen und diese Röhren mit der nötigen und wechselnden Gasmenge zu speisen! Bei Tage geringer Verbrauch, bei Einbruch der Dunkelheit eine plötzliche, riesige Inanspruchnahme. Das Ganze versorgt aus einem Mittelpunkt, aus einem Herzen, das ganz verläßlich und tadellos arbeiten muß, um überhaupt brauchbar zu sein. Die chemische Technik hat diese große Aufgabe glänzend gelöst. Und heute wird in glatter Arbeit in all den Gaswerken in Hunderttausenden großer Tonretorten Steinkohle erhitzt, wobei Koks als wertvoller Rückstand bleibt, während das heiße Leuchtgas, mit Teer gemischt, entweicht. Durch Kühlen und Waschen wird das Gas von Teer und Verunreinigungen befreit und wandert in die großen Gasbehälter, die modernen Wahrzeichen der Städte, um aus diesen stählernen Vorratskammern in großen Mengen freigelassen zu werden, zur Stillung des mannigfaltigen Lichtbedarfes der stets anspruchsvoller werdenden Menschheit (Abb. 15).

Dann die Verdrängung der offenen gelben Gasflamme durch das blendend weiße Gasglühlicht, nachdem man entdeckt hatte, daß gewisse Erden, insbesondere Thoriumnitrat, das eine Spur Zernitrat enthält, in der Hitze der Gasflamme ein weißes helles Licht ausstrahlen. Welche Schwierigkeiten waren da zu überwinden infolge der Gebrechlichkeit der Glühstrümpfe und wie viel größere noch infolge der Seltenheit des Rohmaterials. Doch sie wurden durch Forschen und Suchen, durch stetige, vom Glücke begünstigte Arbeit überwunden. Als das Glühlicht entdeckt wurde, kannte man nur spärliche Lagerstätten des Monazits, jenes wertvollen Erzes, aus dem das Thorium und Zer gewonnen werden, und beinahe wäre wegen der Knappheit der Rohmaterialien die Glühlichterfindung gescheitert, hätte man nicht zufälligerweise gerade damals große Monazitlager in Amerika entdeckt. So trat das Leuchtgas, das man bereits durch die Elektrizität überwunden glaubte, wieder mit frischer, erneuerter Jugendkraft auf und feierte eine Wiedergeburt, die es mit dem elektrischen Lichte in erfolgreichen Wettbewerb treten ließ.

Abb. 15. Blick in die Nürnberger Gasanstalt mit schrägliegenden Retorten. (Deutsches Museum.)

Nun konnten die Straßen und Häuser, Läden und Wohnungen, auch ohne elektrische Leitung in glänzendem Lichte erstrahlen. Doch auch dem einsamen Landhause schuf die Chemie Befreiung von dem lästigen Öllämpchen und von der armseligen Unschlittkerze, auch von der viel besseren, aber immerhin noch kümmerlichen Lichtquelle der Stearinkerzenflamme. Das Petroleum tritt auf. Man findet im Inneren der Erde Lagerstätten eines schmutzigen, dickflüssigen, explosiven Öles, das in vergangenen Zeiträumen durch Zersetzung pflanzlicher und tierischer Überreste entstanden ist. Was einst im herrlichen Sonnenlichte erwachsen ist, dient nun, aus der Finsternis wieder zutage gebracht, dazu, die Finsternis zu vernichten und die Nacht zum Tage umzugestalten. Der Chemiker findet Wege, das schmutzige Erdöl zu reinigen, indem er es mit starken Säuren und Laugen wäscht; er lernt, das Erdöl sozusagen „mürbe" zu machen, indem er es durch Destillation zwingt, in seine drei Hauptbestandteile zu zerfallen, in das flüchtige Benzin, in das Leuchtöl, das ohne Explosionsgefahr in Lampen verbrannt werden kann, und in das kostbare Schmieröl, das, den Reibungswiderstand vermindernd, ein glattes Laufen der verschiedensten Maschinen ermöglicht.

Aber eine noch bessere und schönere Lichtquelle wird für das einsame Landhaus, für das Sommerhotel und für die Hochgebirgshütte gefunden, indem man einen Stoff benutzt, der durch zwangsweise Vereinigung einer unverbrennlichen weißen mit einer verbrennlichen schwarzen Masse entsteht. Kalk und Kohle, in der Riesenhitze des elektrischen Ofens zur engsten Verbindung genötigt, ergeben das als Kalziumkarbid bekannte Material, das, mit Wasser übergossen, ein mit blendend weißer Flamme brennendes Gas, das Azetylen, liefert. An mächtigen Wasserkräften stehen die elektrischen Öfen und erzeugen große Mengen von Kalziumkarbid, das in Büchsen verpackt, in entlegene Einsamkeiten versendet wird, um dort mit Hilfe eines sicheren, handlichen, bequemen, kleineren oder größeren Apparates zur Gaserzeugung verwendet zu werden. Nun kann jedes Landhaus seine eigene kleine Gasfabrik haben, ja sogar jedes Fuhrwerk, jedes Automobil sich zur eigenen Beleuchtung das nötige Azetylen in kleinen, im Wagen untergebrachten Apparaten selbst herstellen.

Auch die elektrische Beleuchtung wird durch die Ergebnisse chemischer Forschung immer mehr gefördert. Tantal-, Wolfram- und Osramlampen, Erzeugnisse der modernen chemischen Technik, bewirken eine außerordentliche Kraftersparnis und gestatten die Erzeugung großer Lichtmengen auf eine früher für unmöglich gehaltene billige Weise. Die Quecksilberdampflampe – mit ihrem grünen Lichte —, in amerikanischen Werkstätten überaus beliebt, bedeutet eine weitere Kraftersparnis, so daß bei dem gegenwärtigen Stande der Beleuchtungstechnik jeder Laden und jedes

Hotel, jede Straße und jeder Bahnhof mit geringem Kostenaufwande fast tageshell beleuchtet werden kann.

Hier wollen wir auch kurz des Glases Erwähnung tun, dieses bei allen Beleuchtungsarten vielverwendeten Stoffes, der schon seit Jahrtausenden bekannt und als seltene Kostbarkeit geschätzt, durch die chemische Industrie zu einem ganz allgemeinen, selbst dem Ärmsten zugänglichen Gebrauchsgegenstand geworden ist.

Was vorher über die Umwandlung des früheren Kleineisengewerbes in die moderne Großindustrie gesagt ist, gilt für die Glasindustrie in vielleicht noch höherem Maße. Ursprünglich wurde wohl die Kunst des Glasschmelzens als strenges Gewerbegeheimnis bewahrt, was um so leichter möglich war, als die Rohmaterialien, Soda, Kalk und feiner Sand, bei den damals schwierigen Transportverhältnissen nicht allgemein erhältlich waren. Durch die Verbilligung der Soda wurde erst die Begründung einer Glasindustrie möglich. Auch hier wurden die Schmelzöfen immer größer, auch hier lernte man durch sorgfältigere Ausführung der Schmelzöfen die zur Schmelzung erforderliche Brennstoffmenge vermindern und schließlich die menschliche Arbeit beim Glasblasen und bei der Spiegelglaserzeugung durch genial ersonnene Maschinenarbeit ersetzen.

Man hat dann, in den letzten Jahrzehnten, auch neue Glassorten hergestellt, das „Hartglas“ und das „Quarzglas“.

Das Hartglas wird durch rasches Abkühlen des heißen Glases auf Temperaturen von 200–300° hergestellt, indem man das zu härtende Glas rasch in Bäder von Öl mit dieser Temperatur taucht. Dieses „abgeschreckte“ Glas kann schroffe Temperaturwechsel ertragen und ist zugleich sehr schwer zerbrechlich.

Quarzglas wird durch Schmelzen von Quarz und Bergkristall im elektrischen Ofen hergestellt. Es ist gegen plötzliche Temperaturänderungen ganz unempfindlich; man kann es auf hohe Temperaturen erhitzen und dann ohne weiteres in kaltes Wasser tauchen, ohne daß es zerspringt.

Bei all den besprochenen Industrien bedarf der Chemiker in großer Menge zweier „Kräfte“, wenn wir sie so nennen wollen, zweier Energien, nämlich der Kraft und der Wärme. Vor allem also müssen diese Energien billig und bequem zu erlangen sein, da sie gleichsam die Grundlage der Technik bilden. Vorderhand ist das wichtigste Rohmaterial zur Gewinnung von Kraft und Wärme die Kohle. Aber auch der Kohlenvorrat der Erde wird schließlich einmal erschöpft sein, und deshalb muß der Chemiker und der chemische Ingenieur bei Zeiten vorbauen, indem er einerseits mit möglichst wenig Kohle möglichst viel auszurichten sucht und dadurch die Erschöpfung der Kohlenlager hinausschiebt, anderseits aber auch jetzt schon daran denkt, wie man später auch ohne Kohle den Kulturzustand der Menschheit wird aufrecht erhalten können.

Abb. 16. Entstehung von Wassergas, Generatorengas und Generatorenwassergas.
(Deutsches Museum.)

In dem rastlosen Streben nach möglichst guter Ausnützung der Kohle werden zunächst die Feuerungen, die Roste und der Schornstein immer zweckmäßiger gestaltet; man hat ferner gelernt, den früher wertlosen Abfall der Kohlenbergwerke, den Kohlenstaub, zu verbrennen oder ihn in Form fester Ziegel (Briketts) in den Handel zu bringen; man verwertet die Hitze der von der Feuerung zum Kamin abgehenden Gase zum Vorwärmen des Kesselspeisewassers, und schließlich bedient man sich immer mehr – um Kohle zu sparen und sehr hohe Temperaturen erreichen zu können – der Vergasung der Kohle in Gasgeneratoren, die nichts anderes sind als Öfen, auf deren Rost anstatt einer niedrigen Kohlenschicht, wie sie in den gewöhnlichen Öfen gebräuchlich ist, eine hohe Kohlenschicht von etwa 0.5 Meter aufgehäuft wird. Dadurch wird bewirkt, daß die dem Rost zunächst befindliche Kohlenschicht vollkommen verbrannt wird; aber die Verbrennungsgase können nicht, wie bei den gewöhnlichen Öfen, zum Kamin entweichen, da sie durch die hohe Kohlenschicht gezwungen sind, zunächst diese zu durchstreichen. Bei der Berührung der „unbrennbaren“ Verbrennungsgase mit der oberen Kohlenschicht verbindet sich deren Kohlenstoff mit den unbrennbaren Gasen zu einem brennbaren Gase, dem sogenannten Generatorgas, das in größtem Maßstabe zur Beheizung von Stahl- und Glasöfen dient und auch vielfach zum Zweck der Krafterzeugung in Gasmotoren verbrannt wird; diese Verwendung bedeutet, im Vergleich zum Kohlenverbrauch der Dampfmaschine, eine namhafte Ersparnis (Abb. 16, 17).

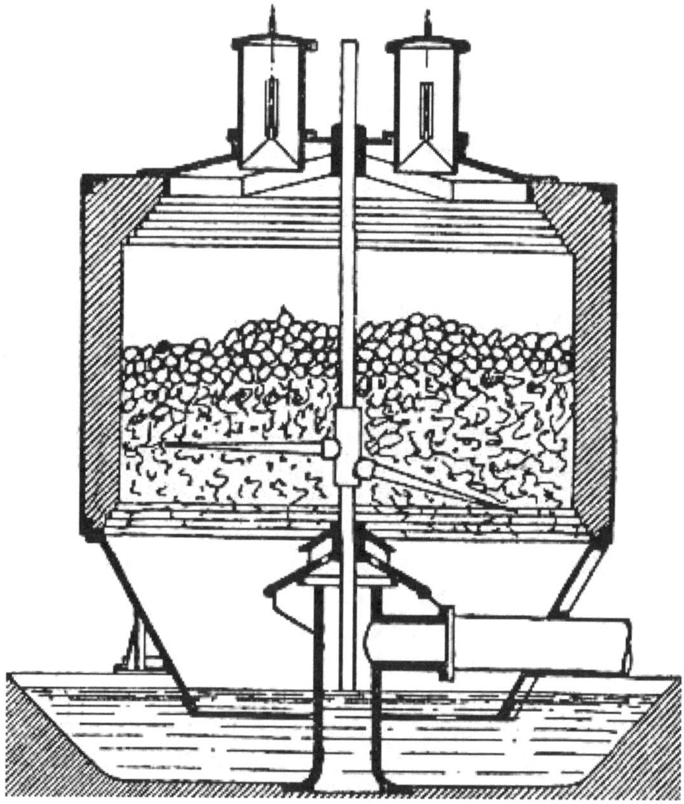

Abb. 17. Gasgenerator.

Außerdem sucht man immer mehr die natürlichen Kräftevorräte, die Wasserfälle, zu verwerten, was sehr geeignet ist, die Lebensdauer unserer Kohlenlager bedeutend zu verlängern. Amerika und Afrika sind reich an mächtigen Wasserfällen, auch Europa besitzt im Norden und in den Alpen gewaltige Wasserkräfte, die, in Kohle oder Kraft umgerechnet, bedeutende Werte darstellen. Der Niagarafall allein enthält so viel Kraft, als man durch tägliche Verbrennung von einer Million Tonnen Kohle erzeugen könnte. So erbaut man nun Fabriken, die sehr viel Kraft brauchen, wenn möglich in der Nähe von Wasserkräften (Aluminiumfabriken). Aber auch solche Werke, die starke Hitzegrade erfordern, verlege man in die Nähe von Wasserfällen, denn der chemische Ingenieur hat es durch den Bau von elektrischen Öfen, die den Strom in hohe Hitzegrade umwandeln, möglich gemacht, Grade zu erreichen, die früher unerreichbar waren, und dadurch Stoffe zu erzeugen, die früher nicht darstellbar waren. Des Kalziumkarbides ist bereits gedacht worden. Nicht weniger interessant ist der Stoff, der im elektrischen Ofen durch Zusammenschmelzen von Sand und Kohle erzeugt wird, das Karborundum, der fast diamantenhart, als Schleif- und Poliermittel ausgedehnte Verwendung findet und dem Schmirgel große Konkurrenz bereitet.

Die Billigkeit, mit der der elektrische Strom aus Wasserkraft hergestellt werden kann, hat eine neue Industrie, die elektrochemische, ins Leben gerufen, wobei der elektrische Strom zur Zerlegung wertloserer Verbindungen in ihre wertvolleren Bestandteile verwendet wird. So werden jetzt zahlreiche Stoffe mit Hilfe des elektrischen Stromes, elektrochemisch, dargestellt, insbesondere Natrium, Chlor, Ätznatron und Soda, deren gemeinsames Ausgangsprodukt das Kochsalz ist.

Wie bereits erwähnt, sorgt der Chemiker auch für die Zukunft. Er sucht Verfahren zu finden, mit denen man auf billige Art Kraft erzeugen kann, Verfahren, die darauf hinausgehen, aus der Kohle mehr Kraft als bisher möglich zu gewinnen, oder die Kohle überhaupt überflüssig zu machen. Zu diesem Zwecke benutzt er den unerschöpflichen Kräftevorrat, der dem Menschengeschlecht so lange zur Verfügung stehen wird, als es bestehen wird, da es selbst gleichsam nur ein Ausfluß und eine Wirkung dieser Kräfte ist, er benutzt dazu das strahlende Licht, die strahlende Kraft, die strahlende Energie der Sonne. Diese Kraft wird heute auf der Erdoberfläche nur sehr spärlich ausgenutzt, indem sie nur von den Pflanzen zum Aufbau ihres Körpers verwendet wird, während der Rest unbenutzt „verloren" geht. Und doch könnte uns diese Kraftquelle mit schier unendlichen Mengen von Kraft versorgen. Darum arbeitet man an der schweren Aufgabe, das Sonnenlicht unmittelbar in Kraft umzuwandeln und zwar in die Kraft, die sich am bequemsten, mit den geringsten Verlusten weiter umwandeln läßt, in Elektrizität.

Zunächst hat sich der Physiker damit begnügt, das Sonnenlicht in Wärme umzuwandeln, indem er es in großen, kreisförmig angeordneten Hohlspiegeln auffing, in deren Brennpunkt ein Dampfkessel eingebaut war, der einer, nahebei aufgestellten Dampfmaschine Dampf lieferte. Ein solcher, in der Anlage sehr kostspieliger Apparat ist in der Nähe von Los Angeles, in Kalifornien – da die Kohlen dort außerordentlich kostspielig sind – in lohnendem Betriebe. Man nutzt dort das Sonnenlicht den ganzen Tag hindurch aus, indem das Spiegelsystem sich durch ein Uhrwerk der scheinbaren Bewegung der Sonne gemäß dreht und stets so eingestellt ist, daß es möglichst viel Licht von ihr empfängt.

Diese Art der Verwendung des Sonnenlichtes, die Umwandlung in Wärme, ist äußerst roh und nicht befriedigend; deshalb geht das Streben der Chemiker dahin, eine Umsetzung der strahlenden in elektrische Energie zu bewirken. Im kleinen Maßstabe ist dies bereits gelungen und zwar durch eigenartig zusammengestellte Batterien, Zellen oder Elemente, die, sobald sie vom Sonnenlicht getroffen werden, einen ununterbrochenen elektrischen Strom abgeben, der so lange anhält, als die Batterie der Wirkung des Sonnenlichtes ausgesetzt bleibt.

Bei dem oben erwähnten Streben der Chemiker, aus der Kohle mehr Kraft, als bisher möglich war, zu erzeugen, ja die ganze der Kohle innewohnende Kraft zur Wirkung zu bringen, schwebte ihnen das Ziel vor, die chemische Kraft der Kohle direkt in Elektrizität umzuwandeln. Auch diese Aufgabe ist bereits grundsätzlich gelöst worden, so daß man nun, um mittels Kohle Elektrizität zu erzeugen, nicht erst den verschwenderischen Umweg über den Dampfkessel und die Dampfmaschine machen muß. Trotzdem werden die Dampfmaschinen, solange der Preis der Kohle verhältnismäßig niedrig bleibt, eine wichtige Stellung einnehmen, denn der Mensch, an das Alte gewöhnt, entschließt sich nur schwer und gezwungen, das Neue anzunehmen. Darauf beruht ja vielfach die Bitterkeit des Erfinderloses, weil das Leben des Erfinders gewöhnlich kürzer ist als die Zeit, die die Menschheit nötig hat, um sich mit der neuen Erfindung vertraut zu machen, sich an sie zu gewöhnen, ihre Vorteile zu würdigen und sich zum Entschluß aufzuraffen, die Neuheit benutzen zu wollen.

Mit diesen Siegen und Erfolgen, mit der erfolgreichen Veredlung und Nutzbarmachung der in der Natur in kleinsten und größten Mengen vorkommenden Rohstoffe, gibt sich die Chemie nicht zufrieden. Sie will auch die selteneren Stoffe der Natur der Allgemeinheit zur Verfügung stellen, und, wenn der natürliche Vorrat nicht reicht, sie künstlich herstellen. War früher z. B. die Seide nur ein Material zur Bekleidung Auserlesener, so ist sie heute ein notwendiger Gebrauchsgegenstand für alle geworden. Früher von Königen und Fürsten mit Gold aufgewogen, wird sie heute von jeder Bäuerin, beim Kirchgang wenigstens, als Kopfbedeckung getragen. Diese ungeheure Zunahme des Seidenbedarfs wäre auf keine Weise zu befriedigen, wenn es der Chemie nicht gelungen wäre, aus ganz billigen, leicht zur Verfügung stehenden Rohstoffen, wie Baumwolle, Holz usw., einen Ersatz für Seide, eine künstliche Seide, die Kunstseide herzustellen, die an Festigkeit der Seide nahe kommt und sie an Glanz weit übertrifft. Eine Seide, die nicht durch mühselige Raupenzucht, sondern in ununterbrochener, gleichmäßiger Fabrikarbeit durch chemische Prozesse und durch mechanische Hilfsmittel, die man der Seidenraupe abgelauscht hat, gewonnen wird. Eine Seide, die von Seidenraupenkrankheiten unabhängig, stets in beliebigen Mengen und in irgendeinem Lande, an irgendeinem Orte hergestellt werden kann, so daß zu ihrer Erzeugung einheimische Arbeitskräfte verwendet und große Geldbeträge, die sonst nach dem seidenerzeugenden China gingen, nun dem eigenen Lande nutzbringend erhalten werden können.

Schon im Jahre 1734 sagte Réaumur die Herstellung künstlicher Seide prophetisch voraus. Doch sollten von der Prophezeiung bis zur Erfüllung des Wortes hundertundfünzig Jahre vergehen: im Jahre 1884 meldete der französische Chemiker Graf Hilaire de Chardonnet seine ersten Patente zur Herstellung einer seither Chardonnetsche Seide genannten Kunstseide an.

Das Verfahren Chardonnets ist sehr einfach: Gereinigte Baumwolle wird etwa fünf oder sechs Minuten lang in eine Mischung von starker Salpetersäure und Schwefelsäure eingetaucht. Hierauf nimmt man die Baumwolle aus dem Säurebade, läßt die Säure 24 Stunden abtropfen und wäscht das Produkt mit Sodalösung. Das auf diese Weise erhaltene Material gleicht im Ansehen zwar der Baumwolle, aber ihr Charakter, ihre Seele ist vollkommen verändert: der schwere Leidensweg durch das scharfe Säurebad hat, so möchte man meinen, ihre geduldige Gleichgültigkeit in höchste Reizbarkeit, ihre milde Güte in wilde Bosheit umgewandelt. Ein Schlag darauf, und sie explodiert heftig. Sie ist nun nichts anderes als die bekannte Schießbaumwolle, die auch auf „rauchloses Pulver" verarbeitet wird.

Chardonnet löst nun diese Schießbaumwolle in einer Mischung von Äther und Alkohol und erhält so eine dicke Flüssigkeit – das in der Photographie und Pharmazie viel verwendete Kollodium. Diese Lösung läßt er in einem eigenartigen Apparat durch haardünne Öffnungen von 0,08 *mm* Durchmesser ausfließen und in Wasser eintreten. Hierbei geht der Alkohol an das Wasser ab, und es bleibt ein feiner Seidenfaden zurück. Aber dieser Faden ist leicht entflammbar, ja sogar sehr explosiv und gefährlich für den, der mit ihm umzugehen hat. Er muß daher zur Entfernung seiner explosiven Bestandteile in einer Lösung von Schwefelnatrium gewaschen und hierauf getrocknet werden. Auf diese Weise erhält man eine ausgezeichnete Kunstseide, die für Weberei, Wirkerei und Posamenterie ausgezeichnet verwendbar ist. Chardonnet hat seine Aufgabe glänzend gelöst.

„Wenn die Könige bau'n, haben die Kärrner zu tun." Kaum hatte Chardonnet einen entschiedenen Sieg errungen, als sich eine Unzahl von Chemikern auf das Kunstseideproblem stürzte. Ein Pionier voll Geist hatte den Weg gebahnt, die Masse folgte nach. Ein Adler war hoch hinaufgestiegen und bemerkte nicht den Zaunkönig, wollte ihn nicht bemerken, den Zwerg, der auf ihm saß, um, durch fremde Kraft in höchste Höhen getragen, ihn um einige Meter zu überfliegen.

Sechs Jahre später wurde eine neue Kunstseide patentiert: der sogenannte Glanzstoff. Hier wird, wie auch von den späteren Nachfolgern und Nachahmern, dasselbe Ausgangsprodukt und dasselbe mechanische Prinzip zur Herstellung des Fadens verwendet. Der Unterschied besteht bloß in der

Lösungsflüssigkeit für die Baumwolle: bei Chardonnet Salpeter-Schwefelsäure, beim Glanzstoff Kupferoxydammoniak und bei der infolge ihrer Billigkeit immer mehr zur Verwendung gelangenden Viskose Natronlauge und Schwefelkohlenstoff. – An Stelle der Baumwolle kann auch der aus Holz gewonnene Zellstoff als Ausgangsmaterial verwendet werden.

Von dem jetzigen Umfange der Kunstseideindustrie erhalten wir eine kleine Vorstellung, wenn wir hören, daß jährlich weit über 3 000 000 *kg* erzeugt werden. Diese Industrie ist auch ein treffliches Beispiel für die „veredelnde" Wirkung der chemischen Arbeit, da aus einem Raummeter Holz, das im Wald einen Wert von 3 Mark hat, Kunstseide im Wert von 5000 Mark erzeugt wird, also eine 1500 fache Werterhöhung.

Dies alles klingt sehr wunderbar, aber in 50 Jahren wird kein Mensch mehr die Kunstseide für etwas Wunderbares halten, denn durch die Gewohnheit und durch stetigen Gebrauch wird auch das Wunderbare etwas Selbstverständliches. Wer wundert sich denn heute noch über die Billigkeit des Papiers, wer staunt in unserer Zeit noch darüber, daß die Menschheit jährlich über 600 000 Waggonladungen Papier verbraucht? Und doch ist die Zeit nicht allzufern, wo alles Papier „geschöpft" wurde, mühselig geschöpft aus mühselig hergestelltem Hadernbrei. Und heute? Heute werden ganze Waldungen von Holz in Riesenkochern durch eine Lösung von schwefligsaurem Kalk, den man auf eine sehr einfache Art herstellt, zu blendend weißen Fasern, Zellstoff oder Zellulose genannt, zerkocht, und diese Fasern zu Papier verarbeitet. So ist auch das heutige Papier und mit ihm unsere moderne Kultur, die zum großen Teile darauf aufgebaut ist, einem Triumphe der Chemie zu danken.

Doch noch andere, heute bereits unentbehrliche Ersatzstoffe sind von der chemischen Technik geschaffen worden, und gar manche von ihnen dienen Zwecken, die man zur Zeit der Erfindung gar nicht voraussehen oder ahnen konnte. So suchte der Amerikaner Hyatt, 1880, nach einem Ersatz für Buchdruckwalzenmasse, die bis heute durch Mischen von Gelatine und Glyzerin in der Wärme hergestellt wird, und fand bei seinen Versuchen, als er eine Lösung von Schießbaumwolle mit Kampfer zusammenknetete, etwas neues, unendlich Wertvolleres, das Zelluloid, das heute zur Erzeugung der mannigfaltigsten Gebrauchs- und Schmuckgegenstände dient, und dessen Herstellung und Verarbeitung viele Tausende von Menschen beschäftigt. Diesem ersten Ersatz für Hartgummi und Elfenbein folgten im Laufe der Zeit mehrere andere, darunter der Galalith. Dieser wird aus dem Kasein, dem Käsestoff der Milch, hergestellt, indem man diesen Stoff durch Hinzufügung von gewissen Chemikalien, wie Formaldehyd usw., unlöslich macht.

Die jüngste Errungenschaft auf dem Gebiete der Ersatzstoffe ist der künstliche Kautschuk. Aber dessen Herstellungskosten müssen erst bedeutend herabgesetzt werden, bevor ein erfolgreicher Wettbewerb mit dem natürlichen Kautschuk möglich sein wird.

Wenn wir von einer Romantik der Chemie sprechen, so geschieht dies nicht zum mindesten deshalb, weil sie über ihren märchenhaften Zielen die Bescheidenheit und die Liebe zum Kleinen nicht verlernt hat. In der Tat, kein Gebiet, kein Stoff ist so gering, daß die Chemie ihm nicht die sorgfältigste Aufmerksamkeit zuteil werden ließe. Die Chemie hat alle nicht bloß berufen, sondern auch auserwählt. Vor ihrem Gerichtshof gibt es keine Standesunterschiede. Nicht nur Seide und Elfenbein sind würdige Gegenstände ihrer Bemühung, sondern ebenso der gewöhnliche Bauziegel und das Holz in seinen verschiedenen Formen.

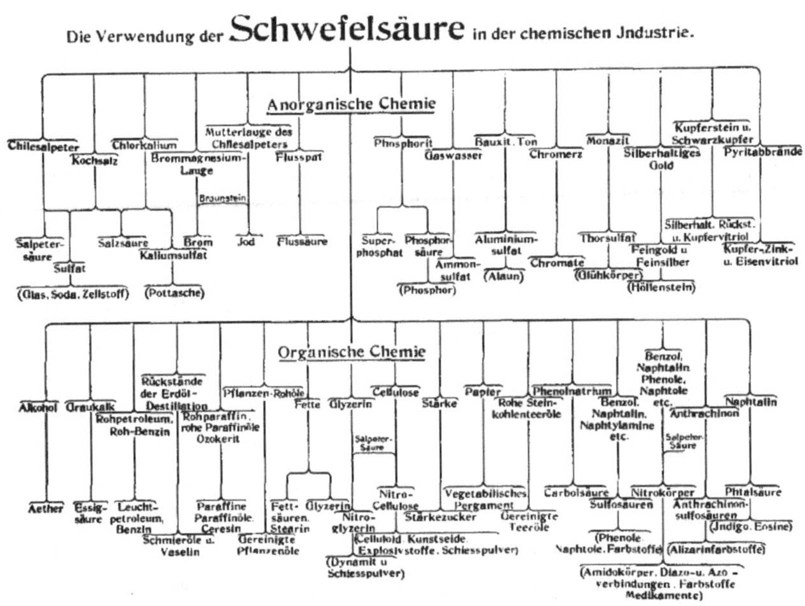


Größere Darstellung: bitte hier klicken

Ziegel und Holz sind, wie eigentlich alle Stoffe, am meisten in jenen Gegenden geschätzt, die daran arm sind. Wo Bausteine und Tonlager fehlen, da ist es natürlich um die Errichtung von Gebäuden, und damit um den Kulturfortschritt, traurig bestellt. Da fand die Chemie einen Ausweg, wenigstens für sandreiche Gegenden, indem sie den Kalksandsteinziegel bildete, der sich trotz seiner Jugend immer größere Verwendungsgebiete erobert, und das mit Recht, denn sein Aussehen ist schön, seine Festigkeit groß, seine Herstellung einfach und billig. Man mischt nämlich den Sand mit so viel Kalkmilch, daß man ihn in Formen pressen kann, worauf diese Masse, die eigentlich nichts anderes ist als fester Mörtel, in Ziegelform, mit Dampf behandelt wird. Die Fabrikation dieser Ziegel nimmt weniger als 36 Stunden in Anspruch und unterscheidet sich durch diese Schnelligkeit vorteilhaft von der Herstellung der Tonziegel.

Ein ausgezeichneter Holzersatz für Fußboden- oder Treppenbelag der hauptsächlich aus Sägespänen besteht, ist der Xylolith, ein Holzstein, der fast die Wärme des Holzes und fast die Feuerfestigkeit des Steines besitzt. Seine Herstellung ist äußerst einfach; man vermischt Sägespäne mit etwas gebranntem Magnesit, feuchtet die Masse mit einer Lösung von Chlormagnesium an, bis sie breiig-teigartig ist, und läßt sie, in beliebige Formen gepreßt, an der Luft trocknen. Für fugenlosen Fußbodenbelag wird die teigige Masse 1 *cm* dick glatt auf den Blindboden aufgetragen, worauf man sie trocknen läßt. Die trockene Xylolithmasse kann man ungefähr so wie Holz bearbeiten. Da sie überdies durch Zumischung von Erdfarben zu den Sägespänen beliebig gefärbt werden kann, ist es leicht begreiflich, daß dieser „Holzzement" sich einer stets zunehmenden Beliebtheit und wachsenden Verwendung erfreut.

Die auf Seite 35 beigefügte Tabelle aus dem „Deutschen Museum" zeigt uns die vielseitige Verwendung der Schwefelsäure in der chemischen Industrie.

So sorgt die Chemie, indem sie zahlreiche nützliche Stoffe herstellt, für die Bequemlichkeit des Menschen. Darüber vernachlässigt sie aber nicht das Gebiet des im höheren Sinne Angenehmen und Sinnerfreuenden.

Seit der Mensch in Wahrheit ein Mensch ist, erfreut sich sein Auge an dem saftigen Grün und den vielfarbigen Blumen der Wiesen, an dem Blau des Himmels und dem Purpur und Rot des Sonnenaufganges. Das Schöne erfreut ihn, das Schönste erscheint ihm heilig. Er liebt die Farbe, den bunten Schmuck und glaubt, wenn er sich selbst damit ziert, liebenswerter zu werden. So jauchzt er auf, wenn er irgendwo zufällig eine bunte, erdige Farbe findet und bemalt sich mit dem kostbaren Gute in einfacher Weise Gesicht und Körper. Hat er einmal die Stufe der Nacktheit überwunden und es bis zur Herstellung von Gewändern, zum Verspinnen und Verweben von Flachs und Schafwolle gebracht, so trachtet er, den Schmuck der Färbung auf das Gewebe zu übertragen. Jahrhundertelang muß er da wohl suchen und versuchen, bis er endlich durch Zufall einige brauchbare, dauerhafte Farbstoffe findet, den Purpur der Purpurschnecke, den Krapp und den Indigo und einige Farbhölzer.

Durch Jahrtausende blieb die Farbstoffkenntnis des Menschen auf diese wenigen Stoffe beschränkt, unter denen der Indigo der wichtigste ist. Er wird als blaue Farbe aus dem Safte der Indigopflanze und des Waid in primitiver Weise hergestellt. Kurz vor der Blüte werden die Pflanzen dicht über dem Boden abgeschnitten, hierauf in Bottiche oder gemauerte Gruben gebracht und mit Wasser bedeckt. Nach zwölf bis fünfzehn Stunden wird das nun gelb gefärbte Wasser in einen zweiten, tiefer gelegenen Bottich abgelassen und daselbst durch Schlagen mit schaufelartigen Stangen oder durch ein Schaufelrad in vielfache innige Berührung mit der Luft gebracht, wodurch der gelöste Pflanzensaft unlöslich wird und sich als blauer Schlamm am Boden absetzt. Dieser Schlamm wird gut gewaschen, gepreßt und getrocknet und stellt nun den „natürlichen“ Indigo des Handels dar.

Vor der Eröffnung des Seewegs nach Ostindien wurde der in Europa verwendete Indigo aus dem Waid gewonnen, der seit dem neunten Jahrhundert in Frankreich und Deutschland stark angebaut wurde. Nach der Eröffnung des Seeweges wurde der Waid immer mehr durch den indischen Indigo verdrängt, und weder Gesetze noch Monarchen waren imstande, die Einfuhr aus Indien zu hemmen, so daß der europäische Waidbau schließlich zugrunde gehen mußte.

Wenn wir uns vor Augen halten, daß der Indigo in der Indigopflanze nicht fertig gebildet ist, und daß statt seiner die Pflanze nur eine fast farblose Substanz, Indigoweiß genannt, enthält, daß dieses Indigoweiß sich im Wasser löst und durch Berührung mit Luft blaues Indigopulver ergibt, also auf ähnliche, aber umständlichere Weise entsteht wie der Eisenrost aus dem Eisen, da wird es uns klar, daß diese Entdeckung sicherlich einer Reihe höchst merkwürdiger Zufälle und dem Aufwande scharfer Beobachtung zu danken ist. Durch Zufall ist wohl ein Bund von Indigopflanzen in einen Wasserbottich oder Teich geraten, durch Zufall oder vielleicht in gedankenlosem Spiele sind die Pflanzen dann durch Schaufeln oder sonstwie mit Luft in Berührung gebracht und von einem scharfen Beobachter das ausgeschiedene blaue Indigopulver bemerkt worden. Ähnlichen Zufällen hat man wohl die Herstellung des Krapps aus der Färberröte und des Purpurs aus der Purpurschnecke zu verdanken.

So mußte sich denn die Färberei lange, lange Zeit hindurch mit ganz wenigen Farbstoffen begnügen, bis man endlich, mit Hilfe der immer leistungsfähiger werdenden Chemie und nicht ohne Benutzung glücklicher Zufälle dahin kam, die längst erblaßte und vergangene Farbenpracht längst versunkener geologischer Zeiten wieder herzustellen und aufzufrischen. Denn nichts anderes als Leichname der Pflanzenwelt eines früheren Erdalters sind die Kohlenlager, denen wir heute nebst so vielem anderen die Teerfarben, auch Anilinfarben genannt, zu verdanken haben, die an Mannigfaltigkeit die Naturfarben übertreffend, die bunte Pracht der modernen gewerblichen Erzeugnisse ermöglichen.

Wenn man Kohle unter Luftabschluß erhitzt – dies wird, wie bereits früher bemerkt, von der Leuchtgas- und Koksindustrie in größtem Maßstabe ausgeführt – so hinterbleibt der bekannte poröse Koks, während Leuchtgas und Teer in heißem Zustand entweichen. Durch Abkühlung wird der Teer verflüssigt und dadurch zugleich das Leuchtgas in reinem, teerfreiem Zustande erhalten.

Dieser schwarze Steinkohlenteer ist der Grundstoff und der Ausgangspunkt der Teerfarbenindustrie.

Die nebenstehende Tafel zeigt die Vielseitigkeit der Farbstoffe und der Nebenprodukte, die alle aus Teer gewonnen werden.

Der Steinkohlenteer ist eine Mischung mehrerer Kohlenstoffverbindungen, von denen Benzol, Phenol, Kresol, Naphthalin und Anthrazen die wichtigsten sind. Sie alle werden bei der Destillation des Steinkohlenteers gewonnen und ergeben, nachdem sie mehreren chemischen Verfahren unterzogen wurden, die bekannten Teerfarbstoffe, deren erster, das Mauvein, im Jahre 1856 von W. H. Perkin in London dargestellt wurde.

Diese ursprünglich englische Industrie kam in Deutschland zu ungeahnter Blüte und feierte hier ihre größten Triumphe. Sie trat mit der Natur selber in Wettbewerb und übertraf, überwand, besiegte sie in dem Streite um das Krapprot und in dem Streite um den Indigo.

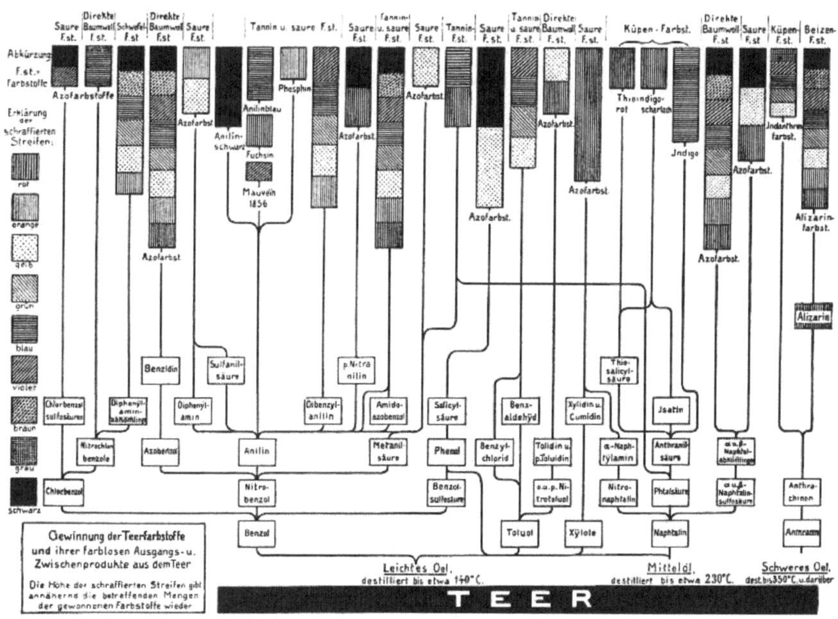


Größere Darstellung: bitte hier klicken

Vor dem Jahre 1868 wurde die Menge des jährlich erzeugten Krapps auf 70 Millionen Kilogramm geschätzt. Im Jahre 1868 entdeckten Graebe und Liebermann, daß der Krapp, auch Alizarin genannt, auf eine sehr einfache

Art aus dem Anthrazen, einem der oben erwähnten Bestandteile des Steinkohlenteers, hergestellt werden könne. Infolge dieser Entdeckung wird heute das Krapprot nicht mehr aus der Pflanze, sondern in den chemischen Fabriken erzeugt, und der Krappbau, der zumal für Südfrankreich von großer Bedeutung war, hat heute fast vollständig aufgehört.

Dasselbe Schicksal wird dem natürlichen Indigo zuteil, seitdem wir nach A. v. Baeyers Entdeckung den Indigo billiger und reiner, als es die Pflanzenkraft vermag, herstellen. So unterliegt auf diesem Gebiete die Landwirtschaft der chemischen Industrie. Im Jahre 1889 kamen noch 33 612 Kisten Indigo aus Indien nach Europa. Heute hat die Einfuhr wegen der gewaltigen Erzeugung des künstlichen Indigos in Deutschland fast ganz aufgehört. Ein paar Fabriken bringen heute das hervor, was früher große Landstrecken in Indien erzeugten.

Eine riesige Industrie setzt in Deutschland die wissenschaftlichen Errungenschaften der Teerfarbenchemie in wirtschaftliche Werte um. Von den zahlreichen großen Fabriken dieser Art sei nur die größte, die im Jahre 1865 gegründete Badische Anilin- und Sodafabrik in Ludwigshafen am Rhein, mit einigen Ziffern gekennzeichnet, um von der Ausdehnung dieser Industrie einen kleinen Begriff zu geben:

Diese Fabrik beschäftigt heute über 200 Chemiker, 150 Ingenieure, 900 kaufmännische Beamte und über 8000 Arbeiter. Der Grundbesitz der Fabrik beträgt 220 *ha*. Davon sind 411 200 *qm* mit 450 Fabrikgebäuden, 656 Arbeiter- und 108 Beamtenwohnungen bebaut. Sie verbraucht jährlich etwa 35 000 Waggons Kohlen. Damit werden 160 große Dampfkessel geheizt, die 386 Dampfmaschinen treiben und 25 000 Pferdestärken erzeugen. Es werden jährlich 50 000 000 Kubikmeter Wasser und 12 000 000 Kilogramm Eis verbraucht. Eine eigene Gasfabrik liefert etwa 22 000 000 Kubikmeter Gas zur Heizung und Beleuchtung. Außerdem sind Dynamomaschinen mit zusammen 10 000 Pferdestärken vorhanden, die 500 Elektromotoren, 1400 Bogenlampen und 20 000 Glühlampen mit Elektrizität versorgen.

Neben dieser Fabrik sind vor allem die Farbwerke vormals Meister, Lucius und Brüning in Höchst am Main hervorzuheben (Abb. 18).

Abb. 18. Gesamtansicht der Farbwerke vormals Meister, Lucius u. Brüning, Höchst a. M.

Es sind heute insgesamt ungefähr siebzig Teerfarbenfabriken in Tätigkeit, die jährlich Farbstoffe im Werte von über 200 000 000 Mark erzeugen und die Farbengier der ganzen Welt befriedigen. Das Kopftuch der Böhmin, der Schal der Kreolin, der Sombrero des Mexikaners, der Fez des Türken, das Gewand des Muezzin, der feine Perser- und der billige Juteteppich, die Steinnußknöpfe des Negers, der Turban des Mohammedaners, die bunten Plakate der Tanzunterhaltungen, die Ornamente der Tanzordnung, die Schuhe und Seidengewänder der Ballkönigin, die Uniform des Marschalls und des gemeinen Soldaten, die Kutte des Mönches und der Purpur des Kardinals, der Hut des Bettlers und die Schleppe der Königin, sie alle sind geziert, geschmückt und gefärbt durch die wunderbaren Stoffe, die, aus der dunklen, toten Kohle hervorgezaubert, den Triumph des regenbogenfarbigen Lebens verkünden. So erwächst aus der Vernichtung der Vorwelt das Streben und die Bejahung eines neuen Lebens, so folgt auch hier dem frostigen, dunklen Winter ein neuer lichter Frühling, ein Wiedererwachen der schlummernden Kräfte und Möglichkeiten der Natur. Ein geringer Stoff, die Kohle, ist zur Königin geworden, weil er, ohne sich vorzudrängen, im Bewußtsein seines Wertes seine Zeit abwartete.

Hat hier die Chemie mit milder Ruhe farbige Schönheit geschaffen, so hat sie in der Erzeugung von gewaltigen Zerstörungsmitteln, in der Steigerung der menschlichen Kraft und Leistungsfähigkeit nicht weniger geleistet. Wenn wir heute keine uneinnehmbaren Festungen mehr kennen, wenn wir die mächtigsten Kriegsschiffe durch Torpedos vernichten, Felsen sprengen und durchbohren, den Atlantischen Ozean mit dem Stillen verbinden und Berge versetzen können, so ist dies nur möglich durch die wunderbar gewaltigen Kräfte, die – dank der Entwicklung der Chemie – in einer kleinen

Stoffmenge aufgehäuft werden können, durch Kräfte, die wie gefesselte Riesen, sich ruhig verhalten, bis die Fessel gelöst ist, durch jene Stoffe, die nach der Art ihrer Wirkung, als Sprengstoffe bezeichnet werden.

Bis ins neunzehnte Jahrhundert hinein war nur ein Sprengstoff in Verwendung, das bekannte Schießpulver, das eine Mischung von Kohle, Schwefel und Salpeter ist, durch dessen Entzündung und darauffolgende Verbrennung große Gasmengen so rasch gebildet werden, daß die fesselnde Kapsel des Pulvers zersprengt und jedes Hindernis, das sich der Ausdehnung der Gase in den Weg stellt, fortgeschleudert wird, daß, mit anderen Worten, eine Sprengwirkung eintritt. Diese Mischung war vielleicht schon Hannibal bekannt. Jedenfalls bedeutet das unklare Wort „*acetum*", womit, wie Livius sagt, Hannibal die seinen Marsch behindernden Felsen aus dem Wege räumte, einen schießpulverähnlichen Sprengstoff, und nicht, wie die Philologen sonderbarerweise meinen, „Essig".

Als zu Beginn des neunzehnten Jahrhunderts die Chemie mündig ward, da wurde nicht nur die Zahl der Sprengstoffe bedeutend vermehrt, sondern auch ihre Wirkungskraft ins Riesenhafte erhöht. (Dabei spielt besonders die Verwendung der Salpetersäure und der Salpeterschwefelsäure eine große Rolle.)[1] Es wurde – um nur die wichtigsten Produkte zu nennen – die Schießbaumwolle, das Dynamit, die Pikrinsäure und die Sprenggelatine dargestellt. Die Schießbaumwolle ist heute ein Hauptbestandteil der meisten rauchlosen Pulver, das Dynamit und die Sprenggelatine werden zu technischen Sprengungen aller Art verwendet, während die Pikrinsäure den Hauptbestandteil des französischen Melinits bildet, und das englische Geschützpulver Lyddit nichts anderes ist als geschmolzene Pikrinsäure.

Alle diese Sprengstoffe entstehen durch die Einwirkung der für sich nicht explosiven Salpetersäure auf ganz „unschuldige" Stoffe wie Baumwolle, Glyzerin oder Phenol, das auch Karbolsäure genannt wird. Hier bewährt sich wieder das Dichterwort: Verbunden werden auch die Schwachen mächtig.

So verwandelt die Salpetersäure die Baumwolle in Schießbaumwolle, das Glyzerin in das ölige Nitroglyzerin, die Karbolsäure in Pikrinsäure. Die Schießbaumwolle wird entweder für sich angewendet oder mit Nitroglyzerin vermischt (Sprenggelatine), oder mit Pikrinsäure vermischt (Melinit).

Geschmolzene Pikrinsäure bildet den Lyddit. Das Nitroglyzerin hingegen, eine ölige Flüssigkeit von gelber bis bräunlicher Farbe, findet in reinem Zustand wegen seiner ungeheuren Explosivität keine Anwendung und muß, um verwendbar zu werden, erst von Kieselgur, einer lockeren Erde, aufgesaugt werden. Es heißt in dieser, von Alfred Nobel entdeckten Form, Dynamit (Abb. 19).

So ist das alte, rauchige, schwarze Schießpulver seiner höchsten Ehren entkleidet worden. Nur zwei Gebiete sind seinem Machtbereich zum Teil verblieben, die Jagd und die Feuerwerkerei.

Die meisten der in der Feuerwerkerei unter dem Namen „Feuerwerksätze" verwendeten Mischungen bestehen aus Schwarzpulver oder einer aus seinen Bestandteilen, also aus Salpeter, Schwefel und Kohle, zusammengesetzten Mischung, wobei je nach dem Zweck der eine oder andere dieser Bestandteile überwiegt. Bei Leuchtsätzen, wo es also darauf ankommt, ein helles, lebhaftes Licht zu erzielen, wird der Salpeter ganz oder teilweise durch chlorsaures Kali ersetzt. Während die Leuchtsätze hauptsächlich chlorsaures Kali, Salpeter und Schwefel, sowie färbende Bestandteile enthalten und als Treibmittel für sie Schießpulvermehl verwendet wird, ist bei den Brandsätzen dem Schießpulvermehl noch ein leicht verbrennlicher Körper zugemischt, der so langsam verbrennt, daß er während des Brennens genügend Zeit hat, andere Stoffe in Brand zu setzen.

Die farbigen Feuer entstehen durch die Beimengung verschiedener Salze zu den Leuchtsätzen. So wird für weiße, hell leuchtende Feuer, für Leuchtkugeln, Signale usw. Magnesium als Grundlage benutzt. Grüne Farben werden durch die Beimischung von Barytsalzen, rote durch Strontiumsalze, blaue durch Kupfersalze und gelbe durch besonders große Mengen von Schwefel und Salpeter erzeugt.

Abb. 19. Apparat zur Herstellung von Dynamit.
(Aus der Aktiengesellschaft Dynamit Nobel, Wien.)

Nicht minder interessant und nicht minder wichtig als die mächtigen Sprengstoffe sind die Zündstoffe, die uns in Form von Zündhölzchen unentbehrlich geworden sind. Die Schwierigkeit und Unbequemlichkeit der Feuerherstellung durch Stein und Zündschwamm können wir uns heute kaum mehr vergegenwärtigen. Die einst vielbewunderte, uns plump erscheinende Döbereinersche Zündmaschine, in der durch die Einwirkung von Schwefelsäure auf Zink Wasserstoff erzeugt wird, der sich am Platinschwamm entzündet, ist für uns nichts anderes als eine historische Merkwürdigkeit, ein Kuriosum der Physikstunde. Und die Chanceschen Tunkfeuerzeuge, zu deren Gebrauch man stets ein Fläschchen Schwefelsäure bei sich tragen mußte, um die trägen Schwefelhölzchen zu entzünden, erscheinen uns heute ebenso gefährlich wie unangenehm. Und mit Recht. Denn heute sind wir in der Lage, ein Streichholz zu entzünden, ohne eine Flüssigkeit bei uns zu tragen, und ohne Gefahr einer Selbstentzündung oder Vergiftung. Diese Gefahr der Selbstentzündung, Vergiftung und Explosion bestand selbst bei den ersten Phosphorhölzchen, und diese Nachteile mußten Schritt für Schritt durch mühselige, harte Arbeit beseitigt werden. Zunächst setzte man die Entflammbarkeit des Zündholzkopfes durch Zumischung von Schwefelnatrium und anderen Substanzen herunter.

Doch auch diese Hölzchen waren äußerst giftig und gefährlich, sowohl bei der Herstellung wie bei der Verwendung, so daß nicht nur der Absatz schwierig, sondern die Beschaffung von Arbeitern fast unmöglich war. Erst gegen Mitte des vorigen Jahrhunderts wurden diese Mißstände behoben, indem es gelang, den giftigen gelben Phosphor durch einfaches Erwärmen in eine neue, ungiftige Abart, den roten, amorphen Phosphor zu verwandeln, der eine neue Großindustrie, die Fabrikation der „schwedischen" Zündhölzchen, ermöglichte. Die schwedischen Zündhölzer enthalten keinen Schwefel und keinen Phosphor. Ihre Zündmasse besteht aus einem Gemenge von chlorsaurem Kali, chromsaurem Kali, Glaspulver und Gummi als Bindemittel. Sie entzünden sich nur an einer zubereiteten Reibfläche, die ein Gemenge von gleichen Teilen von rotem amorphem Phosphor, Schwefelkies und Schwefelantimon enthält.

Die Zündhölzchenindustrie hat in verschiedenen Ländern eine große Ausdehnung gewonnen. Schweden allein führte im Jahre 1897 über 10 000 000 Kilogramm aus. Und so schien es, als wäre durch die Gründung solch großer Industrien die alte Frage des „Feueranmachens" zu endgültiger Entscheidung gekommen. Aber für den menschlichen Geist gibt es keine „endgültige" Entscheidung. Er steht nicht still, darf nicht still stehen. „Im Weiterschreiten find' er Qual und Glück, er, unbefriedigt jeden Augenblick". Und dieses Weiterschreiten ist oft ein scheinbares Zurückgehen auf Altes. Ein solches Zurückgehen auf alte Feuerzeuge wird heute mit den modernen Hilfsmitteln der Chemie versucht.

Man hat gefunden, daß Zer, eines der selteneren Metalle, wenn es mit 30% Eisen zusammengeschmolzen wird, einen Stoff mit merkwürdigen

Eigenschaften ergibt. Fährt man mit der Klinge eines Taschenmessers oder mit der Spitze einer Feile über eine solche Zer-Eisen-Mischung hinweg, so entstehen, ohne Rauchentwicklung, Funken und Flammen von gewaltiger Zündkraft, so daß hiermit ein an sich ganz unexplosiver Zündstoff gegeben erscheint. Läßt man die Funken einer solchen Zer-Eisen-Legierung auf einen mit Petroleum oder Benzin getränkten Docht überspringen, so entsteht eine dauernde Flamme. Diese als Feuerträger oder Pyrophore bezeichneten Legierungen nutzen sich sehr wenig ab und werden wegen ihrer guten Eigenschaften als Zigarrenanzünder und für ähnliche Zwecke gern verwendet. Ob sie in der Zukunft eine bedeutende Rolle spielen werden, bleibt abzuwarten.[2]

So hat die Chemie den Menschen befähigt, mit jenen Urmächten der Natur zu wetteifern, die die Erde aus dem Innern heraus erbeben machen, die auf der Sonne ihr wildes Spiel treiben, die Welten zertrümmern, um Welten aufzubauen. Aber der Mensch ist darin der Natur gleichgekommen, ja man möchte fast sagen, er hat sie übertroffen, da er die Mächte, die er in der Form von Sprengstoffen erzeugt, gefesselt, gebunden und derart unter seine Herrschaft gebracht hat, daß sie genau die von ihm verlangte Arbeit leisten und die erwartete Wirkung eintreten lassen. Ja, er hat sie so gebändigt und in gewünschter Stärke gestaltet, daß sie in Form von Zündholzchen von jedem Kinde gehandhabt werden können und in Form von Raketen und Feuerwerken in genau vorherbestimmten Formen und Farben gegen den Himmel steigen, aus dem Prometheus das erste Feuer zur Erde brachte.

Hat diese Wirkung ins Große und Ferne, die durch die Chemie ermöglicht wurde, unser Interesse in hohem Maße gefesselt, so verdient die Wirkung, die uns die Chemie auf das Kleine und Nahe ausüben läßt, nicht minder unsere Aufmerksamkeit. In der Tat, es ist nicht weniger bedeutsam, die Vorgänge unseres Leibes sowie unser körperliches Wohlbefinden zu beherrschen und körperliche Schäden, Gebrechen und Leiden zu beseitigen, als Felsen zu durchbohren und Weltmeere miteinander zu verbinden.

Es ist bemerkenswert, daß mit dem Aufblühen der Chemie auch die Medizin einen ungeheuren Aufschwung nahm und aus dem Gebiete der Wunder und des Aberglaubens einen Höhenflug im Reich der Wissenschaft antrat, der heute noch nicht beendet ist. Die Zeiten, wo man, abergläubischer Überlieferung folgend, gegen Rheumatismus ein paar Kastanien bei sich trug, das Schöllkraut wegen seines gelben Saftes gegen Gelbsucht, die rotgefleckten Blätter des Wasserbluts wegen ihrer Färbung als Wundmittel, die stacheligen Blätter der Distel ihrer Stacheln wegen gegen Seitenstechen empfahl, sind vorüber und damit auch die Zeiten der Beschwörungen und Alraune. Man ist gründlicher geworden und haftet nicht mehr an der oberflächlichen Erscheinung. Seitdem man die Ursache der Gelbsucht kennt, sucht man Mittel, diese Ursache zu beheben und ist nicht mehr damit zufrieden, dem Gelbsüchtigen irgendeine gelbe Flüssigkeit einzugeben. Seit es Wöhler 1828 gelang, den bis dahin nur im Tierkörper vorgefundenen Harnstoff künstlich darzustellen, ist die Fabel, daß die Vorgänge des Körpers nicht den chemischen, sondern ganz eigenartigen Lebensgesetzen folgen, immer mehr entkräftet und widerlegt worden. Heute weiß man, daß der lebende Organismus denselben chemischen Gesetzen untersteht wie die sogenannten anorganischen Stoffe. Erst auf Grund dieser Erkenntnis konnte man die Chemie der Vorgänge im tierischen Körper recht studieren und chemischen Mängeln des Organismus mit chemischen Hilfsmitteln begegnen. Erst seitdem man die Chemie des Blutes kennt, läßt sich Bleichsucht und Blutarmut erfolgreich behandeln. Erst seitdem man die Säfte des Magens gründlich erforscht hat, kann man den „chemischen“ Magenbeschwerden beikommen. Erst seitdem man die Chemie des Verdauungsprozesses genau kennt, ist man in der Lage, dem Zuckerkranken die entsprechende Kost vorzuschreiben.

Eine große Menge neuer Heilmittel ist aus demselben Stoff durch ähnliche Prozesse dargestellt worden, dem wir auch die Anilinfarben verdanken, aus dem Steinkohlenteer, der also gleichsam ein Extrakt nicht nur der Farbenpracht, sondern auch der Heilkraft einer längst vergangenen Pflanzenwelt ist. Die Wirkungsweise dieser neuen Heilmittel ist durch gründliche Proben festgestellt worden. Von den nach Tausenden zählenden Medikamenten dieser Art seien hier beispielsweise das Aspirin, Phenazetin, Pyramidon, Migränin, Veronal, Melubrin und Sulfonal genannt (Abb. 20).

Auch die Pflanzen- und Tierwelt bietet die Mittel zur Herstellung medizinisch wertvoller Substanzen. So werden aus den Blättern der tropischen Kokapflanze das betäubende Kokain, aus tierischen Organen das blutdruckerhöhende Adrenalin usw. gewonnen.

Noch wunderbarer als die Wirkung dieser Mittel sind die Erfolge der sogenannten Serumchemie, die hauptsächlich auf dem Gebiete der durch Bakterien verursachten Krankheiten große Triumphe zu verzeichnen hat. Das Serum, die Blutflüssigkeit, in der die roten und weißen Blutkörperchen umherschwimmen, ist, gleichsam als Auszug und Träger des Lebens, von der Natur mit außerordentlichen Kräften und einem besonders starken „Lebenswillen“ bedacht worden. Es hat den Willen, sich zu erhalten, sich gesund zu erhalten. Und es wehrt sich mit seiner ganzen Kraft gegen den Einfall einer fremden Macht. Es sind im Serum Schutzmittel enthalten, die eingewanderte Bakterien abzutöten vermögen. Ein Einfall Gift ausscheidender, krankheitserregender Bakterien in das Blut wird von dem Serum mit der sofortigen Erzeugung von Gegengiften beantwortet, die die Giftwirkung der Bakterien aufheben. So kämpft das Serum mit der Krankheit; sein Sieg bedeutet Leben, seine Niederlage Tod.

Abb. 20. Verpackungssaal der Firma
Farbenfabriken vormals Friedrich Bayer & Co. A.-G., Elberfeld.

Hier hat nun die Chemie eingegriffen und es ist ihr gelungen, ihr hohes staunenswürdiges Ziel zu erreichen, nämlich die Wehrkraft des Serums zu erhöhen. Wird nämlich das Gift krankheitserregender Bakterien zunächst in ganz kleinen, dann allmählich steigenden Mengen einem gesunden Tiere, z. B. einem Pferde, in die Adern eingespritzt, so erzeugt das Serum dieses Tieres wachsende Mengen von Gegengift, so daß es an „Wehrkraft" stets zunimmt. Wird nun ein solches Tierserum unter die Haut eines an der entsprechenden Krankheit leidenden Menschen eingespritzt, so wird die „Wehrkraft" des Serums dieses Menschen ebenfalls bedeutend erhöht (Diphtherieheilserum).

Die Medizin ist überdies durch die von der Chemie erzeugten zahlreichen, wirksamen und billigen mikrobenvernichtenden Desinfektionsmittel, wie Karbol, Chlorkalk, Sublimat, Ozon, Lysol, gefördert worden. Späterhin hat man die Desinfektion in der Form von Konservierungsmitteln auch auf das Gebiet der Nahrungsmittel übertragen und zwar zur Hintanhaltung der Fäulnis, der Gärung usw. Unter den üblichen Konservierungsmitteln sind besonders Salizylsäure, Borax und Formaldehyd zu nennen.

Aber nicht nur auf dem Gebiete der Heilkunde hat die Chemie für das Leben und die Sicherheit des Menschen Großes getan, sondern sie hat sich auch auf dem ihr scheinbar ferner liegenden Gebiete des Gerichtswesens verdient gemacht. Sie hat gegen den Aberglauben gekämpft, Recht und

Schuldlosigkeit zu Ehren gebracht und den Verbrecher eingeschüchtert. So weiß man heute, daß Erkrankungen infolge Genusses von Wurst, Fischen, Austern oder Fleisch meist nicht die Folge absichtlicher Vergiftungen sind, sondern darin ihren Grund haben, daß diese tierischen Stoffe, wenn sie faulen, gefährliche Gifte, die sogenannten Leichengifte, in sich anhäufen. Die Chemie hat ferner Mittel und Wege gefunden, Menschenblut, selbst in kleinsten Spuren, als solches zu erkennen und scharf von jedem anderen Tierblute zu unterscheiden. Diese Möglichkeit, die tierischen Blutarten mit Gewißheit voneinander zu unterscheiden, ist der Serumchemie zu verdanken. Gründliche Untersuchungen auf diesem Gebiete haben ergeben, daß ein mit Menschenblut geimpftes Kaninchen ein Serum liefert, das nur mit klarer Menschenblutlösung einen Niederschlag gibt, während Impfung mit Ochsenblut ein nur Ochsenblut fällendes, Impfung mit Schweineblut nur Schweineblut fällendes Serum hervorbringt. Dadurch kann man das Blut einer Tierart von dem jeder anderen Tierart gut unterscheiden. Allerdings muß man sich hierbei vor Augen halten, daß verwandte Tiergattungen gleichartige, wenn auch nicht gleich starke Fällungen mit den betreffenden Serumarten ergeben. So fällt Schweine-Kaninchen-Serum auch Wildschweinblut, Pferde-Kaninchen-Serum Eselblut, Menschen-Kaninchen-Serum auch Affenblut aus.

Hier wird die entwicklungsgeschichtliche Tierforschung unmittelbar von den Ergebnissen der Serumchemie angeregt und befruchtet. Denn die eben angeführten Ergebnisse belehren uns über die Verwandtschaft der Tiergattungen und erleichtern so die Aufstellung eines wirklich richtigen Stammbaums der Tierwelt. Sie zeigen, daß das Blut einer Gattung für die andere Gift ist, daß die Essenz der Fruchtbarkeit der einen Art für die andere Art und für jede andere Art eine Essenz der Unfruchtbarkeit und des Todes ist, und daß das jeder Gattung eigentümliche Serum ein Schutzwall ist, den die Natur zum Zweck der Erhaltung um die Gattung gezogen hat. Nur die Entstehung dieser Schutzmittel ermöglicht die Entstehung der Arten aus gemeinsamem Ursprung, und nur die Erhaltung dieser Schutzmittel die Erhaltung der Arten. Nur dadurch ist es erklärlich, daß Pferd und Esel nur eine unfruchtbare Nachkommenschaft hervorbringen, und daß Tiere, die in der Verwandtschaftsreihe noch weiter auseinanderstehen, eine Nachkommenschaft überhaupt nicht hervorbringen können. Daher ist in instinktiver Voraussicht der Unnatürlichkeit einer Verbindung auch zwischen den großen Rassen der Menschheit eine gegenseitige Abneigung zu finden.

Ohne dieses Schutzmittel der Natur würden im Laufe der Zeit nicht nur alle menschlichen Rassen in eine aufgehen, sondern auch die Tiergattungen würden Schritt für Schritt, langsam und allmählich sich miteinander vermischen und eine gleichförmige Gattung bilden. Ähnliches würde in der

Pflanzenwelt Platz greifen, und offenbar würde dann auch die leblose Welt die Kraft, sich dem Charakter des Stoffes gemäß zu gestalten, das heißt, zu kristallisieren, verlieren und im Zustande einer Urmischung verharren. So verkörpert die Kristallgestalt der Gesteine, das Eiweiß der Pflanzen und das Serum der Tiere, den gestaltenden, vom Allgemeinen zum Besonderen gehenden Trieb der Natur, den Willen des formenden Lebens. Sie ermöglichen es, daß aus großem, festem, gleichförmigem Grundstoff die Natur sich vielgestaltig und mannigfaltig erhebt, wie die tausend Türmchen, Männchen und Ungeheuer eines gotischen Domes.

Nach dieser kleinen Abschweifung wollen wir nun auf ein neues Gebiet der „Romantik“ der Chemie übergehen, auf die Wohlgerüche und Riechstoffe.

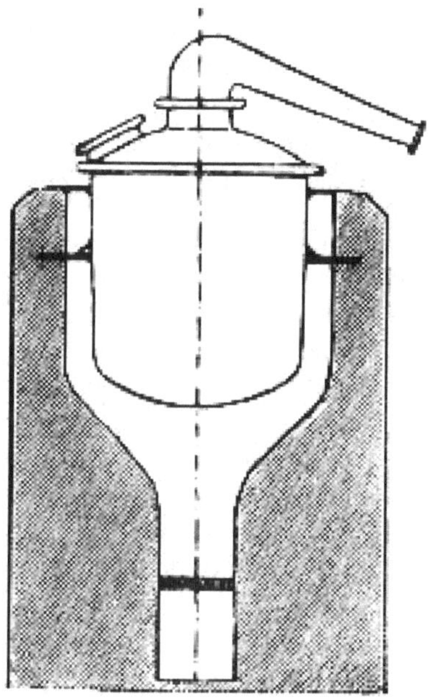

Abb. 21. Destillierblase.

Schon die ältesten Kulturvölker Asiens sammelten die in der Natur vorkommenden wohlriechenden Kräuter, schätzten sie als Kostbarkeit und boten sie als höchste Gabe dem Heiligsten und Liebsten, den Göttern und den Toten dar. Wohlriechende Stoffe, wie Weihrauch, Zimt, Myrrhen usw., wurden den Göttern als Rauchopfer dargebracht und zum Einbalsamieren der Toten verwendet.

Erst später kam die Sitte oder vielmehr die Unsitte auf, dem eigenen lebenden Leib durch fremdartige Riechstoffe „Wohlgeruch“ zu verleihen, eine Unsitte, die bei den Griechen und Römern in den wahnsinnigsten Luxus ausartete, die Völker zur Befriedigung unnützer, erkünstelter Bedürfnisse verleitete, ihre Gedanken auf Nichtigkeiten lenkte, ihr Mark entnervte und schließlich den Baum ihres Lebens vom Wipfel herab bis zur Wurzel tödlichem Siechtum preisgab.

So sind diese Riechstoffe, in höherem Grade als die anderen Gaben der Natur und der sie benutzenden Chemie, ein zweischneidiges Schwert. Geister, die nur ein weiser Zaubermeister, aber niemals ein törichter Zauberlehrling lenken kann. Denn bei diesem wird aus dem gefesselten Maß unbeschränkte Maßlosigkeit: in der Hand des der Zucht entbehrenden Zauberlehrlings wird der nützliche Sprengstoff ein Mittel zu vernichtender Revolution, das heilsame Morphium führt zum Morphinismus, und die Farbe, ohne Sinn, als Selbstzweck angewendet, verdirbt sowohl den Geschmack als die Kunst.

Auch auf dem Gebiet der Riechstoffe ist jahrtausendelang, bis zum Erwachen der modernen Chemie, ein Stillstand zu verzeichnen, man war mit den von der Natur dargebotenen Riechstoffen zufrieden und verstärkte sie nur durch die altbekannte Kunst des Destillierens (Abb. 21).

Erst im neunzehnten Jahrhundert wurde die wichtige Tatsache entdeckt, daß die pflanzlichen Riechstoffe, die sogenannten ätherischen Öle, den Pflanzen durch Dampf, sogenannte Dampfdestillation, entzogen werden, daß sie nach der Abkühlung des Dampfes auf dem kondensierten Wasser schwimmen und so leicht abgeschöpft werden können. Dies gab der Riechstoffindustrie, z. B. der Fabrikation des Kümmelöles, einen neuen Aufschwung. Andere Riechstoffe, wie Bergamottöl, Zitronenöl, Pomeranzenöl, werden durch Auspressen der Fruchtschalen gewonnen. Blütenparfüme werden entweder durch erwärmtes Fett oder durch gewisse Lösungsmittel, wie Benzin, Chloroform usw., „ausgezogen“, und hierauf das Lösungsmittel durch Wärme abgetrieben, so daß der Riechstoff hinterbleibt (Abb. 22, 23).

Abb. 22. Aus der Fabrik ätherischer Öle Schimmel & Comp., Miltitz-Leipzig.

Solche „Blumenauszüge“ sind natürlich sehr kostspielig, da sehr große Blütenmengen zur Herstellung nennbarer Riechstoffmengen erforderlich sind. Zur Fabrikation von 1 Kilogramm Orangenblüten- oder Rosenblütenauszug sind 700 Kilogramm frische Blüten, zur Herstellung von 1 Kilogramm Veilchenblütenauszug, der einen Wert von über 3000 Mark hat, 1000 Kilogramm Blüten nötig.

Abb. 23. Aus der Fabrik ätherischer Öle Schimmel & Comp., Miltitz-Leipzig.

Nur die südliche Natur verschwendet an ihre Flora die Wohlgerüche in reichlicher Weise. Die nordische Natur ist karger. So ist denn in dieser Hinsicht Frankreich und Italien wohl versorgt, Deutschland aber infolge seiner Lage auf die südlichen Länder angewiesen. Deshalb hat es mit aller Kraft versucht, durch die Chemie sich zu verschaffen, was ihm die Natur versagt hat, so hat es „künstliche Riechstoffe" hergestellt, aus dem billigen Öl des indischen Zitronengrases das kostbare Veilchenparfüm, Jonon, aus dem gewöhnlichen Nelkenöl den wertvollen Riechstoff der Vanille, das Vanillin, aus dem Terpentinöl das fliederduftige Terpineol, aus dem als Safrol bekannten Öl das angenehme Heliotropin.

Ist die Farbenpracht und die Heilkraft der Steinkohlenpflanzenwelt in den Teerfarbstoffen und den modernen Heilmitteln wiedererstanden, so haben die Chemiker auch den alten Duft aus dem Steinkohlenteer hervorgezaubert und eine Reihe feiner Riechstoffe daraus dargestellt, indem sie die Karbolsäure, das Benzol, das Toluol, die Salizylsäure usw. verarbeiteten. So liefert die Karbolsäure das Wintergrünöl, das Benzol einen Jasminduft, das Toluol ein künstliches Bittermandelöl und ein Zimtöl und die Salizylsäure den als Cumarin bezeichneten Heu- und Waldmeistergeruch.

Eine große Verwendung finden alle diese Riechstoffe in der Toiletteseifenindustrie. Die gewöhnliche, grobe Seife wird durch Kochen von Fetten mit Ätznatron dargestellt, wobei man das nützliche Glyzerin als

Abfallstoff erhält. Den so dargestellten Seifen werden zur Verwandlung in Toiletteseifen Riechstoffe zugesetzt, um das Waschen und Sichreinigen zu einer nicht nur nützlichen, sondern auch angenehmen Tätigkeit zu machen.

Wir haben nun verschiedentlich die mit Hilfe der Chemie erlangten Luxusgaben der Pflanzenwelt betrachtet, die einer bequemeren und schöneren Ausgestaltung unseres Leben dienen. Doch dürfen wir darüber nicht die notwendigen Gaben vergessen, ohne die ein tierisches Leben und eine menschliche Kultur nicht möglich ist. Die gütige Allmutter Natur bringt das nährende Weizenkorn hervor, dem die Kraft innewohnt, in einen hohen, ährenbeschwerten Halm auszuwachsen, wenn es in dem „richtigen" Boden ruht. Der Mensch ackert und streut seine Saat und hofft „daß sie entkeimen werde zum Segen nach des Himmels Rat". Und lange, lange Zeit wird er auf gutem Ackerboden in dieser Hoffnung nicht enttäuscht. Reichlich und gern bringt da die Natur das Gewünschte hervor. Aber nach und nach ermattet auch der Acker, die Ernte wird kümmerlicher, und schließlich versagt der Boden ganz, selbst wenn die Saat noch so kräftig und gesund ist.

Das Weizenkorn gleicht eben einem Säugling. Es hat die Kraft, groß zu werden, aber nur, wenn ihm genug Nahrung zugeführt wird. Und eben das, was für den Säugling die Mutterbrust, ist für das Weizenkorn der Ackerboden. Ist die Mutterbrust milcharm, so gedeiht der Säugling ebensowenig wie das Weizenkorn im erschöpften Ackerboden.

Das haben die Ackerbauer längst gemerkt. Sie fühlten, daß sie mit der geernteten Frucht ein unbekanntes Etwas dem Boden entziehen. Und so gaben sie, um die Kraft des Ackers zu erhalten, ihm das, was von der Ernte schließlich übrig blieb, den tierischen Dünger, wieder zurück. Die Wissenschaft selbst hätte nichts besseres raten können, als Düngen des Ackers.

Noch etwas lehrt den Bauer eine einfache Überlegung, für die erst nach jahrtausendelanger Übung von der Wissenschaft eine befriedigende Erklärung gefunden wurde. Nämlich, daß der in die Erde versenkte Teil der Pflanze atmet und offenbar im Laufe der Zeit den Ackerboden vergiftet. Instinkt und Erfahrung, Zufall und Überlegung lehrten ihn die Notwendigkeit der Ackerlüftung, des Pflügens.

Die Anschauung des Ackerbauers, daß die Nahrung der Pflanze im Ackerboden enthalten sei und diesem – soll der Acker fruchtbar bleiben – stets zugeführt werden müsse und zwar in demselben Ausmaße, wie sie mit der Ernte fortgeführt werde, wurde durch die chemischen Forschungen des großen Justus Liebig bestätigt, aufgeklärt und vervollkommnet, und damit eine neue Wissenschaft, die Agrikulturchemie, begründet.

Die Grundlehre dieser „Ackerbauchemie“ ist die Tatsache, daß das Skelett der Pflanze, dessen sie zu ihrem Gedeihen ebenso bedarf wie der Mensch, aus mineralischen Stoffen aufgebaut ist. Wenn wir einen Halm oder ein Weizenkorn verbrennen, so hinterbleibt stets ein mineralischer Rückstand, eine Asche, die eben vom Ackerboden herrührt. Es werden also mit jeder Ernte dem Acker große Mengen gewisser wichtiger Minerale entzogen, so daß der Boden stetig ärmer an diesen Stoffen wird. Die meisten von ihnen, z. B. die Kieselsäure, sind überall in reichlichem Maße vorhanden, so daß eine Erschöpfung kaum jemals eintritt. Gewisse andere Stoffe hingegen, die ebenfalls für den Aufbau des Pflanzenkörpers unentbehrlich sind, z. B. Kali, Phosphorsäure und Stickstoff – dieser entweder in der Form von Ammoniak oder Salpeter – sind spärlicher vorhanden, so daß sie einem regelmäßig benutzten Ackerboden stets wieder zugeführt werden müssen, da sonst eine rasche Abnahme der Fruchtbarkeit des Bodens eintritt. Die Chemie hat gezeigt, daß ein Boden, dem alles Kali, alle Phosphorsäure und aller Stickstoff entzogen sind, keinen Samen zur Entwicklung bringen kann, sie hat gezeigt, wie vom Vorhandensein dieser Stoffe der Blattreichtum, die Halmgröße und der Körnerreichtum der Pflanze abhängt. Man hat genau berechnet, wieviel Kali, wieviel Phosphorsäure, wieviel Stickstoff mit jeder Ernte aus einem Hektar Ackerlandes weggeführt wird, also wieviel von jedem Bestandteile dem Acker wieder zugeführt werden muß, wenn die Ergiebigkeit des Bodens nicht vermindert werden soll. Man hat gefunden, daß diese Stoffe in rein mineralischer Form als Kalisalz, als löslicher phosphorsaurer Kalk, als Salpeter, als schwefelsaures Ammoniak zugeführt, ebensogut wirken wie der natürliche Dünger, und man ist aus diesem Grunde heute fast ganz zur Verwendung der künstlichen Düngemittel übergegangen. Dies ist insbesondere durch das ungeheure Anwachsen der Großstädte nötig geworden, die den größten Teil des auf dem Lande erzeugten Getreides verzehren, so daß infolge dieser örtlichen Scheidung zwischen Erzeugung und Verbrauch an eine Zurückführung des tierischen Düngers nicht mehr zu denken war, zumal dieser durch die heute üblichen großstädtischen Abwasseranlagen und die damit verbundene große Verdünnung mit Wasser für die Landwirtschaft kaum mehr nutzbringend verwendet werden kann.

Der Urwald mit seinem jungfräulich fruchtbaren Boden bedarf keiner Düngung. Denn solange er Urwald bleibt und kein Baumstamm aus ihm hinausgeschafft wird, wird er durch die pflanzlichen Kadaver gedüngt, die im Tode dem Boden die Mineralstoffe wieder zurückerstatten, die sie ihm während ihres Lebens entzogen haben. Es bleibt eben alles an Ort und Stelle. Nichts wird weggeführt. Mit Ackerland verhält es sich anders. Will man da stets dieselben Erträge haben, so muß der mineralische Gehalt der Ernte stets wieder ersetzt werden. Dieser Ersatz ist natürlich bei verschiedenen Pflanzen verschieden. So beanspruchen Zuckerrübe und Tabak besonders viel Kali, Hülsenfrüchte und Getreidearten besonders viel Phosphorsäure.

*O* = ohne Dünger. *KPN* = Kali, Phosphorsäure u. Stickstoff.
*PN* = Phosphorsäure u. Stickstoff.
Abb. 24. Geranien ohne und mit Düngung.

Der Ackerbauchemie ist die interessante Entdeckungen verdanken, daß das erforderliche Verhältnis von Kali (*K*) zu Phosphorsäure (*P*) und Stickstoff (*N*), für jede Pflanze ganz bestimmt ist, und daß sich der Ertrag nach der vorhandenen Menge des „ungenügenden" Stoffes richtet, und zwar in folgender Weise: Ist in einem Ackerboden Kali und Phosphorsäure in genügender, Stickstoff hingegen in ungenügender Menge vorhanden, so richtet sich der Ertrag ausschließlich nach der vorhandenen Stickstoffmenge. Dieses Gesetz wird durch das folgende noch weiter ergänzt: Es ist nicht möglich, durch erhöhte Zufuhr von Kali, Phosphorsäure und Stickstoff den Ertrag bis ins Unendliche zu erhöhen. Von einem gewissen Punkte an bewirkt eine vermehrte Düngerzufuhr keine Erhöhung des Ertrages. Dies ist leicht begreiflich, wenn wir bedenken, daß die mineralischen Stoffe nur das Skelett der Pflanze liefern, daß aber ihr „Fleisch und Fett" aus der Atmosphäre gebildet wird, und daß die Pflanze infolge ihrer Organisation nur mit einer gewissen Geschwindigkeit und nur bis zu einer bestimmten Grenze wachsen kann. In dieser Hinsicht verhält sich der Pflanzenkörper genau so wie der tierische Körper (Abb. 24, 25).

Ohne Kali. Mit Kali. Ungedüngt.
Abb. 25. Düngung von Getreide.

Die moderne Kunstdüngerindustrie ist also von der größten Bedeutung für die Ernährung des Menschen. Sie ist ein wahrer Zauberstab. Sie holt das Kali aus den tiefen Schächten von Staßfurt und benutzt damit das Ergebnis vergangener geologischer Zeiten, ein ausgetrocknetes Seewasserbecken (600 000 Waggons Kalidünger werden auf diese Weise jährlich in Deutschland gewonnen). Sie mahlt die wegen ihres Phosphorgehaltes wertvollen Knochenabfälle, ferner die unter dem Namen Thomasmehl bekannten phosphorhaltigen Schlacken der Stahlindustrie und benutzt sie zur Förderung des Ackers. Ganze Berge mineralischen Phosphates aus Afrika und Amerika werden durch einfache Behandlung mit Schwefelsäure in das als Dünger überaus geschätzte Superphosphat verwandelt. Auch des kostbaren Guanos soll Erwähnung getan werden, der in der Hauptsache aus Exkrementen von Vögeln hervorgegangen, auf einigen Inseln nahe an der Westküste Südamerikas große Lagerstätten bildet und von da in Schiffsladungen nach Europa verschickt wird.

Bis vor einigen Jahrzehnten war der Chilisalpeter der einzige „künstliche“ Stickstoffdünger. Auch heute noch ist er von der größten Bedeutung, doch wird ihm nach und nach der Rang von anderen Stickstoffdüngemitteln abgelaufen. In erster Linie steht da das schwefelsaure Ammoniak, das als Nebenprodukt der Leuchtgasfabrikation und Kokserzeugung erhalten wird, indem man das im Leuchtgas und Koksofengas enthaltene Ammoniak durch Waschen des Gases mit Schwefelsäure in schwefelsaures Ammoniak überführt. Der Stickstoff dieses schwefelsauren Ammoniaks ist also nichts anderes als der Stickstoff der verarbeiteten Kohle, also der in vergangenen Zeiträumen durch die Pflanzenwelt angesammelte Stickstoff – eine Konserve der Natur.

Bei der großen Nachfrage nach Stickstoffdünger darf es nicht wundernehmen, daß die Chemie mit Nachdruck neue Stickstoffdünger zu bilden suchte und vor allem bestrebt war, den trägen Stickstoff, der den Hauptbestandteil unserer Atmosphäre ausmacht, in eine nützliche, von den Pflanzen aufnehmbare Stickstoffverbindung überzuführen und so eine schier unendliche, überall zugängliche Vorratskammer zu eröffnen. Die Herstellung solcher Erzeugnisse ist auch wirklich gelungen. So erhält man durch Überleiten von Stickstoff über feingepulvertes, erhitztes Kalziumkarbid, das bekanntlich zur Herstellung von Azetylen dient, den „Kalkstickstoff", ein treffliches Düngemittel; durch die elektrische Kraft, die durch die großen Wasserkräfte Norwegens sehr billig erzeugt werden kann und erzeugt wird, ist ein weiteres Verfahren möglich geworden: die Herstellung von Salpetersäure durch Durchleiten der Luft durch den elektrischen Flammenbogen. Hierbei entsteht zunächst das sogenannte Stickstoffoxyd, ein Gas, das auf einfache Weise in Salpetersäure übergeführt wird.

Doch auch damit war der Stickstoffhunger der Menschheit nicht befriedigt. Und mit Recht. Denn die Erschöpfung der chilenischen Salpeterlager und damit die Notwendigkeit, den ganzen Stickstoffbedarf in chemischen Fabriken herzustellen, ist nur eine Frage der Zeit. So hat man denn rastlos weiter gearbeitet und ein neues Verfahren, das modernste, zur Herstellung von Ammoniak gefunden, dessen chemische Bedeutung darin besteht, daß in ihm die Trägheit des Luftstickstoffes, sein Widerwille und Widerstand gegen irgendeine „Verbindung", auf eine einfache Art und Weise überwunden erscheint. Man hat nämlich gefunden, daß Stickstoff und Wasserstoff, wenn man sie bei erhöhter Temperatur und unter hohem Druck durch oder über gewisse „trägheitaufhebende" Stoffe leitet, sich glatt zu Ammoniak vereinigen, und es scheint, daß dieses Verfahren, das bereits in großem Maßstabe erprobt wurde, die Palme im Wettkampfe der Stickstoffverfahren davontragen wird.

Diese „trägheitaufhebenden" Stoffe, in der Chemie Katalysatoren genannt, sind höchst merkwürdige Körper, denn durch ihre bloße Anwesenheit werden chemische Vorgänge bedeutend erleichtert und beschleunigt. Sie gleichen einem guten, ermunternden Lehrer, dessen bloße Anwesenheit hinreicht, um Aufgaben zu lösen, die allein zu lösen man nicht die Kraft hätte; sie gleichen dem Schmieröl, das, die Reibungswiderstände einer Maschine vermindernd, ihren geräuschlos-kräftigen Lauf ermöglicht. Diese Katalysatoren nehmen keinen Anteil am chemischen Vorgang, sie ändern sich nicht, sie verlieren ihre Wirkungskraft nicht. Es sind ganz wunderbare Stoffe, die für die wissenschaftliche und technische Chemie von immer größerer Bedeutung zu werden versprechen. In großer Zahl sind sie im Pflanzenkörper wie auch im Tierkörper vorhanden, und nur ihnen ist es zu danken, daß die Verdauung, die im chemischen Laboratorium viele Tage erfordern würde, in den Pflanzen und Tieren so rasch vor sich geht. In der

Industrie spielen die Katalysatoren seit zwanzig Jahren, seit der Einführung des katalytischen Schwefelsäureprozesses – den man, weil es dabei hauptsächlich auf Berührung (Kontakt) mit dem Katalysator ankommt, als Kontaktprozeß bezeichnet –, eine große Rolle. Im Vergleich zu dem alten umständlichen Schwefelsäureverfahren bedeutet das Kontaktverfahren eine namhafte Vereinfachung. An Stelle der früher notwendigen riesigen Bleikammern sind kleine Apparate, an die Stelle von Plumpheit ist damit Eleganz getreten, eben, weil es durch den Katalysator – in diesem Falle feinverteiltes Platin – möglich wurde, den früher träge verlaufenden Vorgang der Schwefelsäurebildung rascher zu gestalten und überdies Säure in beliebiger Stärke herzustellen. Nach dem Kontaktverfahren wird einfach schweflige Säure, das ist das Gas, das bei der Verbrennung von Schwefel und metallischen Schwefelverbindungen entsteht, mit Luft vermengt, über feinverteiltes Platin geleitet, wobei unmittelbar das sogenannte Schwefelsäureanhydrid gebildet wird.

Ein ähnliches Verfahren, bei dem ebenfalls ein seltenes Metall als Katalysator dient, wird den Stickstoffbedarf der ackerbautreibenden Welt endgültig befriedigen. Denn die Rohmaterialien, die es verwendet, der Stickstoff der Luft und der Wasserstoff des Wassers, sind überall in beliebigen Mengen vorrätig, so daß das Menschengeschlecht – so lange es Kraft oder Wärme zu erzeugen imstande ist – jeder Sorge um den Stickstoffdünger enthoben ist.

So fördert und regelt der Mensch die Arbeit der Natur, indem er ihr, so gut er vermag, die Bausteine liefert, mit denen dann die Meisterin die endlose Zahl von Stoffen aufbaut, die den Pflanzenkörper ausmachen, die Säfte, die durch die Pflanze fließen, die Farben, die sie schmücken, und die Wohlgerüche, die sie ausatmet.

Unsere bisherige Wanderung hat uns gezeigt, was die Chemie, was der Chemiker geleistet hat. Diese Leistungen und Ergebnisse auf dem Gebiet der Industrie und Landwirtschaft erregen unsere Bewunderung, aber um so mächtiger drängt sich uns die Frage auf: Wie ist die Chemie zu diesen Erfolgen gekommen, wie arbeitet der Chemiker, wenn er die Geheimnisse der Natur ergründen, neue Stoffe darstellen oder die Herstellungsweise bereits bekannter Stoffe verbessern will? Wodurch gelingt es ihm das scheinbar Unfaßbare zu fassen, das scheinbar Unbestimmte zu bestimmen?

Da können wir denn sagen, daß der Chemiker ebenso arbeitet wie der Mineraloge, der Botaniker, der Geologe, ja daß er eigentlich nicht anders arbeitet, als jeder wahrhaft wissenschaftliche Arbeiter. Sie alle folgen bei ihrer Arbeit dem vielsagenden Goetheschen Worte:

Dich im Unendlichen zu finden,Mußt unterscheiden und dann verbinden.

Dieses Dichterwort, ins Prosaische übersetzt, heißt und bedeutet: Um dich in der unendlichen Zahl der Gegenstände und Erscheinungen des Weltalls und jedes Teiles des Weltalls zurechtzufinden, mußt du zunächst durch scharfe Beobachtung die einzelnen Gegenstände voneinander unterscheiden. Mit dem Unterscheiden allein ist es jedoch nicht getan. Denn dadurch verliert man die Übersicht, zersplittert sich, gerät man ins Uferlose. Das Zurechtfinden ist erst dann möglich, wenn man die zusammengehörigen, verwandten Stoffe und Erscheinungen in Gruppen vereinigt. Dadurch erst erhält man eine Übersicht über das ganze Gebiet. Statt mit Einzelheiten hat man es dann mit Regeln zu tun, die eine große Masse von Erscheinungen umfassen, ebenso wie die Regeln der Grammatik.

Dieses Gruppieren, Zusammenfassen unter Gesetze – die wichtigste Tätigkeit und der Hauptzweck jeder Wissenschaft – bedeutet für den Lernenden eine wesentliche Arbeitsersparnis. Ist die Art der Gruppierung, die Regel, einmal bekannt, so ist damit schon viel gewonnen. Wenn man den pythagoräischen Lehrsatz kennt, so kann man leicht eine Kathete eines rechtwinkligen Dreiecks berechnen, wenn die andere Kathete und die Hypotenuse bekannt sind, weil dieser Lehrsatz für alle rechtwinkligen Dreiecke gilt.

Auf ähnliche Art erhält der Mineraloge eine Übersicht über das unendliche Gebiet der Mineralogie, indem er die Mineralien zunächst erst einzeln voneinander unterscheidet und dann die ähnlichen miteinander gruppiert, in Metalle, Oxyde, Kiese, Blenden usw. Diese Gruppierungen sind oft sehr schwierig und erfordern das Zusammenarbeiten zahlreicher wissenschaftlicher Köpfe, denn zu einer einfachen, leicht übersichtlichen Gruppierung gehört viel Geschick und eine gründliche Einsicht in den Gegenstand. Wenn wir bedenken, daß durch die Kristallkunde die unendliche Zahl der Kristallgestalten auf sechs Grundformen zurückgeführt ist, und daß jede mögliche Kristallgestalt sich von einer dieser Urgestalten ableiten läßt, obwohl die Kristallformen, für den oberflächlichen Beobachter, durchaus nicht miteinander ähnlich sind, so sehen wir, daß eine ganze Menge Arbeit in dieser Einteilung steckt und daß sie den größten praktischen Wert besitzt.

So werden auch in der Botanik zunächst die einzelnen Pflanzen voneinander unterschieden und dann gruppiert. Diese Gruppierung erfolgte zuerst auf eine rein äußerliche Weise (Linnésches System), während später eine sinnreichere, auf Verwandtschaft der Pflanzen gegründete Einteilung gefunden wurde, ähnlich der des Menschengeschlechtes in Rassen, Völker, Stämme und Familien.

Auch der Chemiker muß zunächst unterscheiden. Aber seine Unterscheidung ist viel schwieriger als die des Mineralogen und Botanikers.

Während diese die Bausteine, die Elemente ihrer Betrachtung, fertig als Minerale und Pflanzen vorfinden und schon die scharfe Betrachtung der von der Natur fertig dargebotenen Gegenstände eine Einteilung ermöglicht, kommen die Bausteine des Chemikers, die Elemente, zum größten Teile nicht rein in der Natur vor, sondern nur bis zur Unkenntlichkeit miteinander vermischt; während also der Mineraloge oder Botaniker die einzelnen Erscheinungen, Individuen, Bausteine, Elemente seines Wissensgebietes fertig in der Natur vorfindet, muß der Chemiker die Bausteine der Chemie erst auf mühselige Art gewinnen.

Der Grund hierfür ist die Tatsache, daß der Kristall, die einzelne Pflanze, der einzelne Mensch, schon durch die Form kenntlich, ein abgeschlossenes Ganzes für sich bilden und ihr Lieben und Hassen nur der eigenen Art zugute kommen lassen, so daß man von der Erhaltung der Arten sprechen kann. Aber die dem Chaos näherstehenden chemischen Bausteine sind nicht so selbstbewußt und selbstzufrieden, sondern zeigen Liebe und Haß in viel ungewählterer, mannigfaltigerer Weise, indem sie, fast immer, sich um jeden Preis verbinden wollen zu etwas Neuem, ohne Rücksichtnahme auf die eigene Art.

Es müssen also die chemischen Elemente, bevor man sie unterscheiden und gruppieren kann, vorerst aus ihren Verbindungen getrennt werden. Ein Beispiel wird dies deutlich machen. Das Kaolin, die Porzellanerde, ist ein weißes, fettiges Pulver. Durch große Hitze oder Kälte wird es chemisch nicht verändert, so daß man leicht glauben könnte, daß es ein chemisches Element, das heißt ein einfacher, unzusammengesetzter und daher unzerlegbarer Körper ist. Das ist aber nicht der Fall. Es ist den Chemikern gelungen, dieses weiße Pulver in zwei nicht weiter zerlegbare Stoffe zu spalten, in zwei Stoffe, die in ihren Eigenschaften voneinander und von der Porzellanerde ganz verschieden sind, in zwei Stoffe, deren Verbindung eben die Porzellanerde ist: in das heute allgemein bekannte Metall Aluminium und in Sauerstoff, jenes Gas, das die Atmosphäre der Erde atembar macht, das die Verbrennung unterhält, das einen glimmenden Holzspan entflammen macht, das das Eisen bei Feuchtigkeit und gewöhnlicher Temperatur mit Rost überzieht und bei höherer Temperatur das Aluminium wieder zu Porzellanerde verbrennt oder verascht.

Auf ähnliche Weise ist gefunden worden, daß das Wasser, von den Griechen als Element angesehen, kein Element ist, sondern aus Sauerstoff und einem brennbaren Gase, Wasserstoff, besteht. In seine Bestandteile kann es leicht durch den elektrischen Strom gespalten und aus ihnen wieder durch den elektrischen Funken zusammengesetzt werden. So sind alle mineralischen, pflanzlichen und tierischen Stoffe von den Chemikern zerlegt, analysiert worden, und man hat auf diese Weise die Elemente gefunden, aus denen die Welt aufgebaut ist. Die Elemente sind die Bausteine aller bestehenden Stoffe, und durch Gruppierung dieser Elemente hat man eine bequeme Übersicht über die Zusammensetzung jedes Stoffes erhalten. Man hat zunächst die Elemente in Metalle und Nichtmetalle gesondert, die Metalle hat man wieder in fünf Gruppen geteilt, deren jede untereinander verwandte Metalle enthält. In entsprechender Weise hat man auch die Nichtmetalle gruppiert.

Will nun der Chemiker einen Stoff analysieren, das heißt, finden, aus welchen Elementen er besteht, so verwendet er dazu gewisse Hilfsmittel, Chemikalien, auch Reagenzien genannt. Er verfährt wie der Arzt bei der Untersuchung eines Kranken. Wie dieser Organ für Organ untersucht, die gesunden Organe von seiner Betrachtung ausschaltet und so lange sucht, bis er das kranke Organ entdeckt und die Art der Erkrankung erkannt hat, so auch der Chemiker. Er läßt seine Reagenzien auf den zu untersuchenden Stoff einwirken und erkennt aus der Art der Einwirkung, aus der entstehenden Färbung usw., welche Gruppen anwesend sind, und ob andere, bloß vermutete Gruppen fehlen. Durch weitere Reagenzien scheidet er die anwesenden Gruppen voneinander. Schließlich sucht er herauszufinden, welche Elemente jeder Gruppe anwesend sind. Er geht also Schritt für Schritt vor, vom Allgemeinen zum Besonderen, zum Einzelnen.

Die von der Chemie gefundenen Elemente sind übrigens, um dies der Vollständigkeit halber kurz zu streifen, die Bausteine nicht nur der Erde, sondern des gesamten Weltalls. Mit der Erforschung der Erde nicht zufrieden, ist die Wissenschaft an die Erforschung der Zusammensetzung der Sonne und Gestirne getreten und zwar mit Hilfe der sogenannten Spektralanalyse. Während nämlich feste und flüssige glühende Körper ein ununterbrochenes regenbogenfarbiges Band, Spektrum liefern, wenn man das von ihnen ausgestrahlte Licht durch ein Glasprisma gehen läßt, liefern glühende Gase ein nur aus einzelnen hellen Linien oder Streifen bestehendes Spektrum, dessen Linien, Linienzahl und Farbe für jedes Element anders, also charakteristisch ist. Man hat so aus der Strahlung der Sonne und anderer Gestirne ihre Zusammensetzung ersehen können und hat gefunden, daß draußen im Weltall dieselben Elemente vorhanden sind, wie auf der kleinen Erde, ein Beweis für die Gleichartigkeit und Einheitlichkeit der Welt.

Aus den durch Zerlegung erhaltenen Elementen baut der Chemiker wieder die mannigfaltigsten Stoffe der Natur auf, geht aber auch in der Mannigfaltigkeit des Dargestellten über die Natur hinaus. Er vergrößert den engen Rahmen der Natur, die nur einen kleinen Teil der möglichen Stoffverbindungen uns darbietet, und er stellt Stoffe dar, deren Erzeugung die irdische Natur verabsäumt oder vernachlässigt hat.

Bei dieser Vereinigung von Elementen oder Elementgruppen, bei dieser Darstellung von Stoffen ist er jedoch beschränkt und zwar durch die

Beziehung der Elemente zueinander, durch ihr „Lieben und Hassen", durch ihre – wie Goethe sagte – Wahlverwandtschaft.

„Diejenigen Naturen, die sich beim Zusammentreffen einander schnell ergreifen und wechselseitig bestimmen, nennen wir verwandt. An den Alkalien und Säuren, die, obgleich einander entgegengesetzt und vielleicht eben deswegen, weil sie einander entgegengesetzt sind, sich am entschiedensten suchen und fassen, sich modifizieren und zusammen einen neuen Körper bilden, ist diese Verwandtschaft auffallend genug. Gedenken wir nur des Kalks, der zu allen Säuren eine große Neigung, eine entschiedene Vereinigungslust äußert.

Z. B. was wir Kalkstein nennen, ist eine mehr oder weniger reine Kalkerde, innig mit einer zarten Säure verbunden, die uns in Luftform bekannt geworden ist. Bringt man ein Stück solchen Steines in verdünnte Schwefelsäure, so ergreift diese den Kalk und erscheint mit ihm als Gips; jene zarte, luftige Säure hingegen entflieht. Hier ist eine Trennung, eine neue Zusammensetzung entstanden, und man glaubt sich nunmehr berechtigt, sogar das Wort Wahlverwandtschaft anzuwenden, weil es wirklich aussieht, als wenn ein Verhältnis dem andern vorgezogen, eins vor dem andern erwählt würde."

Wird hier die schwache, zarte Kohlensäure durch die rohe, starke Schwefelsäure vertrieben und in die Einsamkeit hinausgejagt, so finden wir auch Fälle, in denen der Chemiker, damit kein Stoff leer ausgehe, ein Viertes zugesellt:

„Diese Fälle sind allerdings die bedeutendsten und merkwürdigsten, wo man das Anziehen, das Verwandtsein, dieses Verlassen, dieses Vereinigen gleichsam übers Kreuz, wirklich darstellen kann; wo vier bisher je zwei zu zwei verbundene Wesen, in Berührung gebracht, ihre bisherige Vereinigung verlassen und sich aufs neue verbinden. In diesem Fahrenlassen und Ergreifen, in diesem Fliehen und Suchen glaubt man wirklich eine höhere Bestimmung zu sehen; man traut solchen Wesen eine Art von Wollen oder Wählen zu, und hält das Kunstwort Wahlverwandtschaft für vollkommen gerechtfertigt.

Denken Sie sich ein A, das mit einem B innig verbunden ist, durch viele Mittel und durch manche Gewalt nicht von ihm zu trennen; denken Sie sich ein C, das sich ebenso zu einem D verhält; bringen Sie nun die beiden Paare in Berührung: A wird sich zu D, C zu B werfen, ohne daß man sagen kann, wer das andere zuerst verlassen, wer sich mit dem andern zuerst wieder verbunden habe."

Von den zahlreichen Beispielen dieses „Vereinigens übers Kreuz" wollen wir nur eins anführen: Wenn wir zu einer klaren Lösung von Schwefelbaryum eine klare Lösung von Zinksulfat hinzugießen, so entsteht ein dicker, weißer Niederschlag, der das unlösliche Austauschprodukt „übers Kreuz“ darstellt. Der Schwefel des Schwefelbaryums reißt sich von dem Baryum los und folgt der Anziehungskraft, die das Zink ausübt, so daß Schwefelzink entsteht. Zugleich geht die Schwefelsäure des Zinksulfats an das Baryum und bildet schwefelsaures Baryum. Es gehen also durch diesen Vorgang alle gelösten Stoffe in den neugebildeten, unlöslichen Zustand, in den Niederschlag, über. Der letztere liefert, getrocknet, eine vielverwendete weiße Farbe, das Lithopon.

Eine Haupttätigkeit des Chemikers im Laboratorium einer Fabrik ist die Prüfung, Untersuchung, Analyse der Rohmaterialien, die ja eine gewisse Beschaffenheit und einen gewissen Gehalt haben müssen, wenn ein Erzeugnis von erforderlicher Reinheit und richtiger Zusammensetzung erzielt werden soll.

Doch die Arbeit des Laboratoriumschemikers besteht nicht bloß darin, die Stoffe zu scheiden, zu analysieren, sondern auch darin, durch Verbindung von Stoffen neue, nützliche Substanzen herzustellen. Der Chemiker ist also nicht bloß Scheidekünstler, sondern auch Verbindungskünstler. Ist die Herstellung einer neuen Verbindung im Laboratorium gelungen, so wird sie in großem Maßstabe ins Fabrikmäßige übertragen, wobei die kleinen Apparate des Laboratoriums durch große Anlagen ersetzt werden. Diese Umwandlung des Laboratoriumvorganges in einen Fabrikvorgang ist durchaus nicht einfach. Eine Salzlösung in der Porzellanschale zu verdampfen, das heißt, das Wasser in der Hitze abzutreiben, so daß das feste Salz zurückbleibt, ist viel einfacher als die Durchführung dieses Vorganges im großen Maßstabe. Hierzu gehören große Verdampfungsanlagen, die von zahlreichen Heizröhren durchsetzt sind. Ebenso ist das Filtrieren mit Hilfe von Glastrichter und Filtrierpapier viel leichter als das Filtrieren großer Mengen mit Hilfe großer Filterpressen. Auch das Erhitzen erfordert im Fabrikbetrieb mächtige, eigenartig gebaute Öfen.

Die Herstellung neuer Stoffe, das Suchen und Finden neuer Verfahren und neuer Fabrikapparate macht die eigentliche Erfindertätigkeit des Chemikers aus. Dieser Tätigkeit sollen hier auch einige Worte gewidmet werden.

Drei Eigenschaften zeichnen den Erfinder vor allem aus, scharfe Beobachtungsgabe, rasches Denken und ein gesundes, kräftiges Urteil. Der Erfinder muß den Gegenstand und das Gebiet, das er bearbeitet, genau kennen, ohne durch unnötige Kenntnisse belastet und zersplittert zu werden. Denn eine solche Zersplitterung wirkt stets schwächend. Der Gedankenhimmel des Erfinders muß scharf begrenzt und klar, er darf nicht verschwommen und bewölkt sein. Eine gewisse Kindlichkeit und Unbefangenheit muß vorhanden sein, ohne jene gefährliche Stumpfheit, die durch allzuvieles Lernen hervorgerufen wird. Wie das Kind naiv fragt, woher das Licht kommt, und wohin es geht, so muß auch der Erfinder naiv-staunend nach Dingen fragen, an denen die meisten ohne Aufmerksamkeit vorübergehen. Er muß also in gewissem Sinne ein großes Kind sein. „Ich kenne nichts Schrecklicheres, als die armen Menschen, die zu viel gelernt haben. Statt des gesunden, kräftigen Urteils, das sich vielleicht eingestellt hätte, wenn sie nichts gelernt hätten, schleichen ihre Gedanken ängstlich und hypnotisch einigen Worten, Sätzen, Formeln nach, immer auf denselben Wegen. Was sie besitzen, ist ein Spinngewebe von Gedanken, zu schwach, um sich darauf zu stützen, aber kompliziert genug, um zu verwirren."

Neue Verfahren und Verbesserungen werden entweder absichtlich gesucht oder zufällig gefunden. Damit aber die Erfindung zur Tat werde, muß sich dem absichtlichen Suchen der glückliche Zufall beigesellen, muß der Zufall von einem scharf beobachtenden Kopfe, der ihn für seine Zwecke ausnützen kann, bemerkt werden. Ohne glücklichen Zufall, wie er z. B. Röntgen zuteil wurde, als er das erstemal „seine" Strahlen leuchten sah, verläuft auch das fleißigste absichtliche Suchen oft erfolglos, weil die Möglichkeiten, Erscheinungen und Zustände so mannigfaltig sind, daß man sie nicht alle durchprobieren kann. Anderseits wird ohne scharfe Beobachtungsgabe auch der günstigste Zufall oft übersehen.

Das Erfinden ist eine künstlerische, schöpferische, herrliche Tätigkeit. Der wahre, große Erfinder schafft aus Instinkt, aus Trieb. Der wahre Erfinder ist durch die Erfindung genugsam belohnt, wie dem Vogel, der in den Zweigen wohnt, das Lied, das aus der Kehle dringt, reichlicher Lohn ist. Aber überdies wird dem Erfinder oft irdischer Lohn, Reichtum und Wohlstand zuteil. Es sei hier nur an den Namen Alfred Nobel erinnert (siehe Hennig: Alfred Nobel).

Seit 1863 war Alfred Nobel unablässig bestrebt, das flüssige Sprengöl, Nitroglyzerin, in einen festen Körper umzuwandeln. Lange war alles Suchen vergeblich, bis schließlich ein seltsamer Zufall das gewünschte Ergebnis herbeiführte und Alfred Nobel, der den Zufall bemerkte, würdigte und benutzte, im Jahre 1866 seine berühmte Erfindung, das Dynamit, machen ließ.

Es war ein blinder Zufall, der zur Entdeckung des Dynamits verhalf, ein Zufall aber, der ohne jedes Ergebnis geblieben wäre, wenn er sich nicht eben gerade Alfred Nobels stets wachem Erfindergeist geboten hätte. Es war im Jahre 1866, als eines Tages in Nobels Laboratorium Nitroglyzerin aus einem undicht gewordenen Gefäße auslief. Derartige Vorkommnisse waren an sich nicht ungewöhnlich. Sie erhöhten sogar die Gefährlichkeit der Aufbewahrung des Sprengöles in beträchtlichem Maße. In diesem Falle aber tränkte die auslaufende Flüssigkeit die poröse Erdmasse, die zur Verpackung der Nitroglyzeringefäße diente, und Nobel, der den Vorfall bemerkte und untersuchte, stellte mit Erstaunen fest, daß die mit Nitroglyzerin getränkte Erde stark explosive Eigenschaften bekommen hatte, die im geeigneten Augenblick zur Entfaltung gebracht werden konnten. Damit war das seit Jahren bestehende Problem, die explosiven Eigenschaften des Nitroglyzerins an einen festen Körper zu binden, gelöst, und, um diese Entdeckung technisch verwerten zu können, bedurfte es nur noch eines porösen Körpers, der möglichst billig und leicht zu beschaffen war. Als für diese Zwecke am geeignetsten wählte Nobel nach zahlreichen Untersuchungen schließlich die Kieselgur, ein weißes, pulverartiges, damals so gut wie wertloses Gestein, das aus den Schalen winziger, einzelliger Diatomeen besteht und an vielen Orten, vornehmlich aber in der Gegend von Hannover, aus Urtagen der Erde sich in großen Mengen aufgehäuft findet. Diese Kieselgur war für Nobels Zwecke wie geschaffen. Es zeigte sich, daß sie ganz gewaltige Mengen, nämlich das Dreifache ihres Gewichtes, an Sprengöl aufzusaugen vermochte. Die Mischung der Kieselgur mit dem Nitroglyzerin bildet dann eine mörtelähnliche Masse, deren Sprengkraft so groß ist, wie die des flüssigen Sprengöls.

Damit war jener fürchterliche Sprengstoff gefunden, der unter dem glücklich gewählten Namen Dynamit Weltberühmtheit erlangt und seinen Erfinder zu einem modernen Midas gemacht hat, der sich durch seine testamentarischen Verfügungen als einer der größten bürgerlichen Mäzene aller Zeiten offenbart hat, als Förderer der Wissenschaften, der Künste und des Weltfriedens.

In vielen Fällen aber wird dem Erfinder nicht der verdiente Lohn, ja in den meisten Fällen nur Undank und Elend zuteil. Ein Beispiel dafür ist die Geschichte Leblancs, der der Welt das erste brauchbare Verfahren zur Herstellung von künstlicher Soda schenkte und dadurch den Grundstein für die moderne chemische Industrie legte.

Nicolas Leblanc, – sein Name ist unsterblich in der Geschichte der Erfindungen, – wurde am 6. Dezember 1742 zu Ivoy-le-Pré im heutigen Departement Cher geboren. Er stammte aus einer wenig begüterten Familie und hat wohl keine hervorragende Erziehung genießen können. 1759 kam er nach Paris, um Chirurgie, Medizin und Chemie zu studieren. 1776 verheiratet, und unter sehr bescheidenen Verhältnissen den Beruf eines Arztes ausübend, war er doch dabei wissenschaftlich noch auf anderen Gebieten tätig. Aus Anlaß einer von der Akademie gestellten Preisfrage beschäftigte er sich mit dem Problem der Darstellung von künstlicher Soda und kam hierbei 1787 auf den richtigen Weg. Im Jahre 1789 schlug er dem Herzog von Orléans vor, das neue Verfahren fabrikmäßig auszubeuten. Am 12. Januar 1790 kam vor dem Notar James Lutherland in London ein auf 20 Jahre abgeschlossener Vertrag zustande, an dem Leblanc, der Chemiker Dizé und der Herzog von Orléans beteiligt waren. Leblanc verpflichtete sich, sein Sodaverfahren, und Dizé, sein Bleiweißverfahren schriftlich und versiegelt bei dem Notar Brichard zu hinterlegen.

Am 25. September 1791 erhielt Leblanc ein Patent auf sein Verfahren für 15 Jahre. Die Beschreibung des Verfahrens, die er darin gibt, verdient hier wörtlich wiedergegeben zu werden, da sie in der Tat im wesentlichen dem bis vor kurzem geübten entspricht:

„Zwischen eisernen Walzen pulvert und mischt man folgende Substanzen:

- 100 Pfund wasserfreies Glaubersalz,
- 100 Pfund reine Kalkerde, Kreide von Meudon,
- 050 Pfund Kohle.

Die Mischung wird in einem Flammenofen ausgebreitet, die Arbeitslöcher (Ofentüren) verschlossen und geheizt; die Substanz gelangt in breiförmigen Fluß, schäumt auf und verwandelt sich in Soda, die sich von der Soda des Handels nur durch einen weit höheren Gehalt unterscheidet. Die Masse muß während der Schmelzung häufig gerührt werden, wozu man sich eiserner Krücken, Spatel usw. bedient. Aus der Oberfläche der schmelzenden Massen brechen eine Menge Flämmchen hervor, die der Flamme einer Kerze ähnlich sind. Sobald diese Erscheinung zu verschwinden anfängt, ist die Soda fertig. Die Schmelze wird dann mit eisernen Krücken aus dem Ofen gezogen und kann in beliebigen Formen aufgefangen werden, um ihr die Form der im Handel vorkommenden Sodablöcke zu geben“ (Abb. 26).

Die von Leblanc und Dizé zu St. Denis unter dem Namen „*La Franciade*“ angelegte Fabrik scheint sehr gut gediehen zu sein: Täglich wurden 250 bis 300 *kg* Soda, nebst Bleiweiß und Ammoniaksalz dargestellt, und infolge des Krieges mit Spanien war der Preis der Pflanzensoda auf 110 Francs gestiegen, so daß das Leblancsche Verfahren großen Nutzen abwerfen mußte. Aber die Herrlichkeit sollte nur kurzen Bestand haben. Der Herzog von Orléans, nunmehr „Bürger *Egalité*“, wurde im April 1793 vom Wohlfahrtsausschuß verhaftet und am 6. November desselben Jahres hingerichtet. Seine Güter, also auch die Fabrik *La Franciade*, wurden vom Staate eingezogen und öffentlich verkauft. Am 8. Pluviose des Jahres *II* (Februar 1794) wurde die Fabrik, deren Betrieb schon vorher zwangsweise eingestellt war, von der Behörde inventarisiert; vier Tage später erschien ein staatlicher Erlaß, der das immer noch sehr wertvolle Patent Leblancs vernichtete. Der Wohlfahrtsausschuß hatte nämlich beschlossen, alle Sodafabrikanten sollten die ihnen bekannten Mittel und Wege der Sodaerzeugung binnen 20 Tagen einer besonderen Kommission zum besten des Staates und mit Hintansetzung aller eigenen Vorteile bekanntgeben, um es dadurch Frankreich zu ermöglichen, seinen Handel von fremden Völkern unabhängig zu machen und neue Verteidigungsmittel zu gewinnen. Leblanc und Dizé gaben ihr Verfahren sofort preis, wozu sie selbstverständlich bei Gefahr ihres Lebens gezwungen waren. Damit war für Leblanc alles verloren; man hatte ihm sein Patent und seine Fabrik genommen.

Abb. 26. Sodafabrikation nach Leblanc. (Deutsches Museum.)

Leblanc befand sich in bitterer Armut und mußte zusehen, wie an anderen Orten Fabriken entstanden, die sein als öffentliches Eigentum erklärtes Verfahren ausnutzten. Er richtete an die Regierung unaufhörlich Gesuch auf Gesuch wegen des ihm für seine Fabrik und sein Verfahren zugesagten Schadenersatzes, aber sieben Jahre lang ohne Erfolg. Endlich am 17. Floréal *VIII.* (1801), wurde die Fabrik in völlig verwahrlostem Zustande an Leblanc und Dizé zurückgegeben, mit dem Versprechen späterer Entschädigung. Nach abermals vier Jahren, am 5. November 1805, wurde der Anspruch auf Entschädigung schiedsrichterlich festgestellt. Hiernach hätte Leblanc die verhältnismäßig geringe Summe von 52 473 Francs erhalten müssen, aber nicht einmal dieser Betrag ist Leblanc oder seinen Nachkommen je ausgezahlt worden. Die endgültige gerichtliche Entscheidung fiel dahin aus, daß Leblancs und Dizés Ansprüche durch die „unentgeltliche“ Überlassung der (in ihrem damaligen Zustande ganz wertlosen) Fabrik *La Franciade* als ausgeglichen zu betrachten seien.

Für Leblanc, der die ihm gebührende Summe auf eine Million berechnet hatte, war dies wie ein Todesurteil. Er hatte nach Überlassung der Fabrik seine sämtlichen Mittel und alles, was er zu schweren Zinsen dazu borgen konnte, auf die nötigsten Ausbesserungen verwendet, behielt aber nichts für den Betrieb übrig. Den Preis der Akademie von 12 000 Francs von 1789 hatte er nie erhalten. Im Jahre 1799 war ihm die Summe von 3000 Francs als „Nationalbelohnung“ für seine Erfindung, deren Wichtigkeit allgemein anerkannt wurde, bewilligt worden; aber auch von dieser elenden Summe wurden ihm nur 600 Francs ausgezahlt. Ein Darlehen von 2000 Francs, das ihm im Jahre 1803 die *Société d'encouragement* bewilligt hatte und ein vom Minister Chaptal erhaltenes Almosen von 300 Francs ist alles, was die französische Nation weiter für Leblanc getan hat, trotz seiner unaufhörlichen Bitten und Gesuche. Die für ihn tatsächlich vernichtende Entscheidung vom 5. November 1805 raubte ihm jede Hoffnung, aus der Armut, in der er sich mit seiner Familie befand, jemals herauszukommen. Gebrochen an Leib und Seele, kehrte er zu seiner kranken Frau, zu seiner darbenden Familie, in seine in der ruinierten Fabrik befindliche Wohnung zurück. Dort machte er am 16. Januar 1806 seiner verzweifelten Lage durch einen Pistolenschuß ein Ende. So endete diese erschütternde Erfindertragödie, und niemand weiß, wo das Grab eines der größten Erfinder Frankreichs sich befindet.

Der Trieb zum Erfinden und Erforschen ist dem intelligenten Menschen in hohem Maße eigen, ebenso wie die Neugierde den höheren Tieren. Und dieser Forschungstrieb richtet sich nach allen Seiten; nicht nur das Nützliche, sondern alles, was er sieht, ja auch das, was er nicht sieht, will er ergründen. So haben denn auch die chemischen Forscher alles Sichtbare und Unsichtbare zu ergründen gesucht, vor allem auf dem Weltkörper, an den wir Menschen gebannt sind, auf dieser Erde.

Unsere Kenntnis der irdischen Stoffe erstreckt sich nur ein kleines Stück unter die Erdoberfläche; was darüber hinausliegt, können wir nur vermuten, nicht wissen. So ist also die Atmosphäre, der Ozean und eine dünne feste Schicht alles, was wir unmittelbar untersuchen können, und dementsprechend ist unser Wissen, soweit die Atmosphäre und der Ozean in Betracht kommen, ziemlich ausreichend, gründlich und vollständig, während wir bei der Betrachtung der festen Erdkruste eine willkürliche Grenze nach unten annehmen müssen. Ohne Berücksichtigung der tatsächlichen Stärke der irdischen Steinrinde (Lithosphäre) scheint es sehr wahrscheinlich, daß das felsige Material bis zu einer Tiefe von ungefähr 16 Kilometern den vulkanischen Massen, die wir an der Erdoberfläche vorfinden, sehr ähnlich ist. Wir können also als Grundlage unserer Betrachtung eine Felsstärke von 16 Kilometern annehmen.

Der Rauminhalt der 16 Kilometer starken Kruste, mit Einschluß der durchschnittlichen Erhebungen der Festländer über die See, beträgt 6 500 000 000 Kubikkilometer, mit dem spezifischen Gewicht 2,5 bis 2,7. Der Rauminhalt der Ozeane beträgt 1 286 000 000 Kubikkilometer mit dem spezifischen Gewicht 1.03. Die Masse der Atmosphäre ist ungefähr 5 000 000 Kubikkilometern Wasser gleichwertig. Wenn wir nun diese Angaben zusammenfassen, so erhalten wir folgende Zahlen in bezug auf die Zusammensetzung der Erde:

Spezifisches Gewicht der Kruste 2.6,

| | |
|---|---|
| Atmosphäre | 0.03%, |
| Ozean | 6.97%, |
| Feste Rinde | 93.00%. |

Was die Zusammensetzung der drei Schichten anlangt, so besteht die Atmosphäre aus Sauerstoff, Stickstoff und Argon, dem Gewichte nach:

| | |
|---|---|
| Sauerstoff | 23.024%, |
| Stickstoff | 75.539%, |
| Argon | 1.437%; |

im Raumverhältnisse ausgedrückt, enthält die Luft ungefähr 4/5 Stickstoff und 1/5 Sauerstoff.

Das ozeanische Wasser enthält 37,39 Gramm Seesalz im Kilogramm Wasser aufgelöst. Das Seesalz besitzt das spezifische Gewicht 2,25 und besteht vornehmlich aus Kochsalz, Chlormagnesium, Magnesiumsulfat und Gips. Es dürfte sich lohnen, an dieser Stelle einen Augenblick zu verweilen, um die große Masse der ozeanischen Salze zu würdigen. Aus den oben angeführten Zahlen läßt sich berechnen, daß der Rauminhalt der Salzmasse des Ozeans 19 200 000 Kubikkilometer beträgt, also hinreichend ist, um ein Gebiet von der Größe der Vereinigten Staaten von Nordamerika mit einer 2,5 Kilometer starken Salzschicht zu bedecken. Verglichen mit dieser ungeheuren Masse, erscheinen die Salzablagerungen von Staßfurt, die in der Nähe betrachtet, so mächtig erscheinen, winzig klein.

Die Felskruste besteht zu 75% aus kieselsaurer Tonerde (Ton); daneben enthält sie 6% Sauerstoffverbindungen des Eisens, 4,5% Magnesia, 5% Kalk, 3,5% Natron, 2,7% Kali und überdies Spuren der übrigen Elemente.

Nun wollen wir uns den chemischen Elementen unserer Erde zuwenden. Obwohl jedes Element seine Eigenheiten, seinen eigenen, ausgesprochenen Charakter hat, gibt es dennoch Beziehungen und Verwandtschaften unter den Elementen, so daß sie in eine Anzahl von Gruppen geteilt werden können. Die Elemente einer Gruppe gehen nicht nur ähnliche Verbindungen ein, sondern zeigen auch eine stufenweise Änderung der Eigenschaften. Diese „Verwandtschaft“ hat eine sehr wichtige Verallgemeinerung ermöglicht – das sogenannte periodische Gesetz oder vielmehr die periodische Gruppierung der Elemente. Im Lichte dieser Gruppierung angeschaut, wird die Beziehung der Elemente untereinander in interessanter Weise offenbar.

Wenn man nämlich die Elemente nach ihrem „Atomgewichte" ordnet, so wird sofort eine bedeutsame Gesetzmäßigkeit klar, wie die nebenstehende Tabelle zeigt.

Diese Tabelle ist entstanden, indem man die chemischen Elemente, vom leichtesten beginnend und beim schwersten endend, in eine Reihe schrieb, dann, sobald ein ähnliches, verwandtes Element erreicht war, abteilte und die so erhaltenen Abteilungen vertikal untereinander verzeichnete. Und da wurde es offenbar, daß die Glieder einer und derselben vertikalen Reihe nahe miteinander verwandt sind, indem sie sich in den meisten Beziehungen ganz ähnlich verhalten, ganz ähnliche Verbindungen eingehen, und auch, was Löslichkeit und Unlöslichkeit anlangt, keine großen Unterschiede zeigen. Hingegen nimmt man, wenn man in einer horizontalen Reihe vorwärts schreitet, eine stufenweise Änderung in den wesentlichen Eigenschaften wahr. Daraus folgt zunächst, daß die Eigenschaften der Elemente von ihren Atomgewichten abhängig sind.

| Reihen | Gruppe 0 | Gruppe 1 | Gruppe 2 | Gruppe 3 | Gruppe 4 | Gruppe 5 | Gruppe 6 | Gruppe 7 | Gruppe 8 |
|---|---|---|---|---|---|---|---|---|---|
| 01 | — | Wasserstoff 1 | — | — | — | — | — | — | — |
| 02 | Helium 4 | Lithium 7 | Gluzinium 9.1 | Bor 11 | Kohlenstoff 12 | Stickstoff 14 | Sauerstoff 16 | Fluor 19 | — |
| 03 | Neon 20 | Natrium 23 | Magnesium 24.4 | Aluminium 27.1 | Silizium 28.4 | Phosphor 31 | Schwefel 32 | Chlor 35.45 | — |
| 04 | Argon 39.9 | Kalium 39.1 | Kalzium 40.1 | Skandium 44.1 | Titan 48.1 | Vanadium 51.2 | Chrom 52.1 | Mangan 55 | Eisen 55.9 Nickel 58.7 Kobalt 59 |
| 05 | — | Kupfer 63.6 | Zink 65.4 | Gallium 70 | Germanium 72.5 | Arsen 75 | Selen 79.2 | Brom 79.95 | — |
| 06 | Krypton 81.8 | Rubidium 85.5 | Strontium 87.6 | Ytterbium 89 | Zirkon 90.6 | Kolumbium 94 | Molybdän 96 | — | Ruthenium 101.7 Rhodium 103 Palladium 106.5 |
| 07 | — | Silber 107.93 | Kadmium 112.4 | Indium 115 | Zinn 119 | Antimon 120.2 | Tellurium 127.6 | Jod 126.97 | — |
| 08 | Xenon 128 | Zäsium 132.9 | Baryum 137.4 | Lanthan 138.9 | Zer 140.25 | — | — | — | — |

| Reihen | Gruppe 0 | Gruppe 1 | Gruppe 2 | Gruppe 3 | Gruppe 4 | Gruppe 5 | Gruppe 6 | Gruppe 7 | Gruppe 8 |
|---|---|---|---|---|---|---|---|---|---|
| 09 | — | — | — | — | — | — | — | — | — |
| 10 | — | — | — | — | — | Tantal 181 | Wolfram 184 | — | Osmium 191 Iridium 193 Platin 194.8 |
| 11 | — | Gold 197 | Quecksilber 200 | Thallium 204.1 | Blei 206.9 | Wismuth 208 | — | — | — |
| 12 | — | — | Radium 225 | — | Thorium 235.5 | Uran 238.5 | — | — | — |

Hier und da bemerken wir auf der Tafel leere Stellen, die offenbar bisher unbekannten Elementen angehören. Als Mendelejeff dieses periodische Gesetz entdeckte, prophezeite er genau die Eigenschaften dreier fehlender Elemente, die auch tatsächlich späterhin entdeckt wurden und deren Eigenschaften vollkommen der Vorhersage Mendelejeffs entsprachen; es waren Skandium, Gallium und Germanium. Mendelejeff sagte nicht nur das Atomgewicht und spezifische Gewicht dieser Elemente voraus, sondern auch die Art ihrer Verbindungen. Ein solches Vorhersagenkönnen ist ein trefflicher Prüfstein für den Wert einer neuen Theorie und hat sich in diesem Falle gut bewährt. – Auch Radium, das jüngste der Elemente, finden wir richtig unter dem ihm verwandten Baryum eingereiht.

Wenn wir die Tafel vom Standpunkt des geologischen Chemikers, des Geochemikers, ansehen, so bemerken wir, daß die Elemente einer und derselben senkrechten Reihe gewöhnlich miteinander in der Natur vorkommen. Wohl deshalb, weil sie ähnliche Verbindungen bilden, also sich unter ähnlichen Umständen ablagern. So findet man z. B. Rubidium, Rhodium, Palladium, Osmium, Iridium und Platin gewöhnlich beisammen. Schwefel ist in der Regel mit Selen verunreinigt. Zinkerze enthalten fast immer etwas Cadmium. Chlor, Brom und Jod sind mehr oder weniger miteinander vermischt anzutreffen.

Im allgemeinen kann man sagen, daß die Elemente mit niedrigem Atomgewicht am weitesten verbreitet sind. Was z. B. Gruppe 1, 4 und 7 anlangt, so bemerken wir, daß die Häufigkeit des Vorkommens vom ersten zum zweiten Element wächst, und dann bis zum Ende der Reihe abnimmt. So ist Lithium in ganz kleinen Mengen weit verbreitet, Natrium in reichlichen Mengen vorhanden, während Kalium dem Natrium und Rubidium dem Kalium an Menge bedeutend nachsteht. Ganz ebenso verhalten sich die Gruppen 4 und 7. In Gruppe 6 ist Sauerstoff, das erste Element, das häufigste, während nach abwärts eine stetige Abnahme der vorkommenden Menge festzustellen ist. Doch fehlt es auch nicht an Ausnahmen: so ist in Gruppe 2 Strontium weniger häufig als Baryum, ein Widerspruch, der wohl mit unserem zunehmenden Wissen seine Aufklärung finden wird.

Bei der Besprechung der chemischen Verhältnisse der Erde sind wohl auch einige Worte über den Ursprung unserer Atmosphäre gerechtfertigt, wiewohl man hierin zu einem endgültig abschließenden Urteil noch nicht gekommen ist, sondern sich ihm erst allmählich nähert. Einige Geologen schließen aus dem Vorhandensein unserer gegenwärtigen Kohlenlagerstätten und der großen Mengen von Kalkstein – der als kohlensaurer Kalk 12% Kohlenstoff enthält – in der Erdrinde, daß in früheren geologischen Weltaltern die Atmosphäre reicher an Kohlensäure war als heute, und daß – da eine kohlensäurereichere Atmosphäre mehr Sonnenwärme aufnimmt und Kohlensäure das atmosphärische Nahrungsmittel der Pflanzen ist – dies der Grund sei für die gewaltige Flora früherer Zeiträume. Dagegen ist aber einzuwenden, daß luftatmende Tiere in einer kohlensäurereichen Atmosphäre nicht leben können. – Wohl ist es gewiß, daß der Kohlenstoff des Kalksteins einst zum größten Teile in der Atmosphäre enthalten war, aber war dies jemals zu einer und derselben Zeit der Fall?

Dies ist sehr unwahrscheinlich, da der Kohlenstoff der Erdrinde, in Kohlensäure umgewandelt, 25 mal so schwer wäre als unsere gegenwärtige Atmosphäre und der dadurch entstehende Druck fast groß genug wäre, um einen Teil der Kohlensäure zu verflüssigen.

Einige bedeutende Gelehrte, darunter auch Lord Kelvin, sind zu der interessanten Theorie gelangt, daß die Uratmosphäre der Erde hauptsächlich aus Wasserstoff, Stickstoff, Chloriden und Kohlenstoffverbindungen bestanden habe, und daß der Sauerstoff, der heute in freiem Zustande zu unserem Leben unerläßlich ist, damals mit Kohlenstoff und Eisen verbunden war. Nach dieser Theorie begann der Sauerstoff erst frei zu werden, als sich das erste, niedrigste Pflanzenleben auf der Erde entwickelte; der Sauerstoffvorrat erreichte in der Steinkohlenzeit seinen Höhepunkt und nimmt seither ab. Hiernach wäre der Gehalt der Atmosphäre an freiem Sauerstoff durch die Arbeit der Pflanzenwelt entstanden.

Immerhin ist es schwer, dieser Lehre beizustimmen, wenn man Anhänger der Nebelflecktheorie ist und die Erde für einen Nebelfleckabkömmling hält. Denn für den Nebelflecktheoretiker ist die Atmosphäre nichts als der gasförmige Rückstand, der bei dem Festwerden der Erde zurückblieb. Dies ist auch die vorherrschende Ansicht.

Nach einer neueren Theorie (Chamberlains Meteoriten-Theorie), nach der die Erde das Ergebnis der Vereinigung zahlloser kleiner Weltkörper ist, hat jeder Meteorit seine eigene kleine Atmosphäre mit auf die Erde gebracht.

Diese Atmosphären, im Inneren unter hohem Druck eingeschlossen, gaben schließlich zu so starker Temperaturerhöhung Anlaß, daß die Gase infolge des vergrößerten Druckes und Volumens ausgetrieben wurden. Nach dieser merkwürdigen Annahme ist also die Atmosphäre von innen heraus, aus kleinen Anfängen, entstanden, während nach der Nebelflecktheorie die Uratmosphäre am größten war, da sie ja das Ganze der Erde in sich begriff.

Diese zwei Theorien, die Nebelfleck- und die Meteoritentheorie, stehen sich schroff gegenüber, nicht nur in der Frage nach der Entstehung der Atmosphäre, sondern ebenso in der nach der Entstehung des Ozeans, der trotz seines Alters von über 100 000 000 Jahren, sicherlich jünger ist, als die Atmosphäre.

Für die Anhänger der Nebelflecktheorie ist die Frage der Entstehung des Ozeans verhältnismäßig leicht zu beantworten. Danach ist der Ozean nichts anderes, als der Rückstand, der beim Kristallisieren der festen Erdmasse zurückblieb. Nach der Meteoritentheorie enthielt die aus dem Inneren an die Oberfläche entwichene Atmosphäre wasserlösliche Gase, die sich in dem bei der Abkühlung der Erde gebildeten Wasser auflösten, dann weiter auf die feste Kruste wirkten und so die Entstehung des Ozeans verursachten.

Kein Kapitel der Geochemie ist wohl gründlicher erörtert worden als die „Entstehung des Petroleums“. Hier stehen sich zwei Gruppen von Theorien gegenüber, eine unorganische und eine organische. Nach jener ist das Petroleum aus Kohlenstoff und Wasserstoff unter eigenartiger Mithilfe hoher und höchster Temperaturen entstanden, nach dieser ist es aus toten Pflanzen- und Tierkörpern hervorgegangen.

Unter den unorganischen Theorien ist die berühmte Karbidtheorie Mendelejeffs erwähnenswert. Mendelejeff meint, daß im Erdinnern Eisenkarbide, Verbindungen von Eisen mit Kohlenstoff, vorhanden sind, daß das Wasser der Erde zu diesen Zutritt hat, und daß dadurch Kohlenwasserstoffe (Petroleum und Erdgas) erzeugt werden, ebenso wie Kalziumkarbid mit Wasser Azetylen hervorbringt. Wenn solche Eisenkarbide in mäßiger Tiefe der Erdrinde vorhanden wären, so würde die Voraussetzung viel Wahrscheinlichkeit für sich haben; jedoch ist bisher das Vorhandensein solcher Karbide im Erdinnern nicht nachgewiesen worden.

Die unorganischem Theorien sind in den letzten Jahren mehr und mehr durch die organischen verdrängt worden, nach denen das Petroleum aus Pflanzen- und Tierresten früherer geologischer Zeiten entstanden sein soll. In der Tat entstehen bei der Verwesung von Seepflanzen verschiedene „Kohlenwasserstoffe“, doch ist trotzdem die „tierische“ Theorie heute die herrschende. Man könnte fragen, ob die großen Mengen Petroleum, die auf der Erde vorhanden sind, wirklich aus Fischen hätten entstehen können, ob der Fischvorrat der Erde zur Erzeugung solch gewaltiger Petroleummengen hinreiche? Diese Frage muß unbedingt bejaht werden. Schon das Ergebnis des Heringsfangs von 2500 Jahrgängen an der Nordküste Deutschlands würde, wenn die Hälfte seiner Fette und Öle in Petroleum umgewandelt würde, so viel Petroleum liefern, als Galizien bisher hervorgebracht hat.

So hat die Chemie viele Geheimnisse der leblosen Erde ergründet. Die Art der leblosen Stoffe hat sie erklärt; was sagt sie aber über das Lebende? Hat die Wissenschaft keine Brücke geschlagen vom Ufer des Leblosen zum Ufer des Lebenden? Ist wirklich nur dem Lebenden Tod und Vergänglichkeit, Wehrkraft und Willen, Liebe und Haß, Erinnerung und Vererbung, Fortpflanzung und Entwicklung eigen? Ist das Leblose wirklich so starr und unveränderlich, wie man gemeinhin annimmt? Ist das Niedrigste der lebenden Welt vom Höchsten der leblosen Welt tatsächlich durch eine Kluft getrennt? Mit diesen Fragen wollen wir uns nun zum Schluß beschäftigen.

Die Fähigkeit, sich zu erinnern, ist eine köstliche Gabe des intelligenten Menschen. Diese Fähigkeit ermöglicht es, vergangene Ereignisse im Geiste wieder zu vergegenwärtigen. Viel wesentlicher aber als das bewußte Erinnern, das nur der Mensch, und vielleicht, in geringem Maße die höheren Tiere besitzen, ist die Fähigkeit, das vergangene und erfahrene Erlebnis sich so zu eigen zu machen, daß beim Eintreten des gleichen oder eines ähnlichen Erlebnisses die Lehre der Vergangenheit benutzt wird. Diese Fähigkeit aber ist auch den niederen Wesen eigen. Sie ist nichts anderes als die bekannte Anpassung und Gewöhnung. Das Blut, unfähig, größere Mengen fremden Serums aufzunehmen, nimmt willig kleine, stets wachsende Mengen auf, es wird gleichsam gestärkt durch die Erinnerung, gefestigt durch die vergangene Erfahrung. So ändert sich auch das Leblose durch jede Erfahrung, die es macht, durch jeden Eindruck, den es erleidet, es erinnert sich gewissermaßen der früheren Erfahrung und verhält sich bei der Wiederkehr anders, als vorher.[3]

So „merkt" sich der Stahldraht jede Drehung, die er erfahren. Die photographische Platte merkt sich ihre Begegnung mit dem Sonnenlichte. Wenn man Eisen schmiedet, nimmt es mehr und mehr einen neuen, eigenartigen Charakter an durch die zahlreichen, dauernd sich einprägenden „Erfahrungen", die ihm das Geschmiedetwerden beibringt. Eine plötzliche Erfahrung geht ebenso dauernd in das Besitztum des Leblosen über, wie in das des Lebenden. Die Metallplatte, die einen Moment, leidend, durch die Münzpresse gegangen ist, ist dauernd zur Münze geprägt, ebenso wie der Mensch, dem ein plötzliches Unglück widerfährt, sofort daran gewöhnt, damit vertraut und dadurch dauernd beeinflußt ist. Wenn wir von zwei erwärmten Stahlstücken, das eine allmählich, das andere plötzlich abkühlen, so bleibt jenes geschmeidig, während dieses spröde wird und spröde bleibt, ein Beispiel, wie verschieden derselbe Stoff durch verschiedene Einwirkungen oder Erfahrungen verändert wird.

Dieser „Erinnerung“, im weitesten Sinne des Wortes, ist es zuzuschreiben, daß nichts stille steht, daß alles fließt und sich stetig verändert, weil es schon durch die Umgebung fortwährend beeinflußt wird. Der Stahlbalken einer Brücke ändert sich von Tag zu Tag infolge der fortwährenden Erschütterung, es ändert sich die Beschaffenheit der kleinen Kristalle, aus denen er besteht; so wird er schließlich greisenhaft und bricht, er leidet gleichsam an Arterienverkalkung.

Aber der Tod? Ist der nicht das Vorrecht der Lebewesen? Hat das Leblose eine ähnliche Erscheinung aufzuweisen? Jawohl, in gewissem Sinne. In dem Sinne nämlich, daß ein neuer Zustand anbricht, in dem die Erinnerung an den früheren Zustand erloschen ist. Der Tod erinnert sich nicht des Lebens, das Leben nicht des Todes. In diesem Sinne können wir auch in der leblosen Welt von „Leben und Tod“ sprechen.

Als willkürliches Beispiel nehmen wir ein Kupfergefäß. Jede Abnutzung durch Gebrauch, jede durch Gewalt herbeigeführte Gestaltveränderung behält es dauernd bei, erinnert sich gleichsam ihrer, benutzt die gemachte Erfahrung und wird durch Leiden mürbe, wie der Mensch. Wenn wir in seine Oberfläche hineinritzen oder feilen, so behält es die „Marke“ bei und läßt sich dann leicht an derselben Stelle tiefer ritzen.

Wenn wir nun dieses Kupfergefäß einschmelzen und als Kupferblock erstarren lassen, so weiß dieser Kupferblock, um im Bilde zu bleiben, nichts von den Leiden und Freuden, die er als Kulturtopf erlitten und genossen, weiß nichts von den Beulen, Hieben und Hammerschlägen. Er ist ein neues Wesen, bereit, neue Erfahrungen aufzunehmen, bereit, von neuem Weh und Glück zu empfangen, er ist wiedergeboren, wiederauferstanden. Um aber wiederzuerstehen, mußte er durch die Lethe wandern, durch den erinnerungraubenden Strom, durch den Tod – durch den flüssigen Zustand.

Von diesem Standpunkt aus ist der Tod nichts anderes als der Übergang aus einem Aggregatzustand in einen andern, indem dabei die „Erinnerung“ an den ersten Aggregatzustand ganz verlischt. Um aber „Erinnerung“ zu ermöglichen, ist Form nötig, wie sie das Feste hat, das Flüssige und Gasförmige jedoch nicht. Das Wasser, das ich aus dem Kruge in das Trinkglas und dann wieder zurück in den Topf gieße, bleibt davon unbeeindruckt, „erinnert“ sich (dieser Wandlung) nicht, ebensowenig das Gas, das, gleich der Flüssigkeit, formlos ist. Nur das Feste hat also, recht verstanden, Erinnerung, die Flüssigkeit und das Gas aber sind erinnerungslos.

So können wir den Zustand der Flüssigkeit und des Gases als niedrige Aggregatzustände bezeichnen, im Gegensatz zu dem höheren festen Zustand und können das Leben selbst als einen eigenartigen, hohen, besonders reizbaren, besonders erinnerungsfähigen, besonders sorgfältig geformten Aggregatzustand, als den vierten Aggregatzustand einer Reihe ansprechen, deren erster das Gas, deren zweiter das Flüssige, deren dritter das Feste ist.

Man sollte nun meinen, daß man im Gebiete des Leblosen keine Vorgänge finden könnte, die der Fortpflanzung entsprechen, Vorgänge, in denen ein Same, ein kleines Abbild des ausgewachsenen Individuums, zu einem großen Wesen wird, von genau derselben Form, der dieser Same entstammt. Und doch lassen sich solche Vorgänge im Gebiete des Leblosen leicht finden und zwar in der Erscheinung der Kristallisation.

Wenn wir in eine entsprechend starke Lösung von Glaubersalz ein kleines, nur staubkorngroßes Glaubersalzkriställchen hineinwerfen, so kristallisiert alsbald, unter Umständen augenblicklich, die ganze Masse in großen, dem Glaubersalz eigentümlichen Kristallen. Die Glaubersalzlösung ist der Mutterboden des Glaubersalzkristalles und nur des Glaubersalzkristalles, genau so wie der Mutterleib nur den Samen der eigenen Art zur Entwicklung bringen kann.

Ja, wird man jetzt sagen, aber die Wehrkraft, das tatkräftige Abwehren, ist ausschließlich Sache des Lebendigen; das Leblose ist stets nur passiv und leidend. Dagegen ist einzuwenden, daß das Bestreben, den gewohnten Zustand beizubehalten, die Trägheit, auch dem Leblosen eigen ist, und daß dieses sich ebenso gegen jede Veränderung sträubt und wehrt wie das Lebende. Beide wehren sich eben mit ihrer ganzen ihnen innewohnenden Kraft. Der Mensch erwehrt sich seines Feindes so lange und so gut, wie er kann, und das Stahlblech setzt ebenfalls dem Verbiegen seinen stärksten Widerstand entgegen. Das Holz läßt sich nicht ohne weiteres durch die Säge zerspalten, es muß dazu genau so viel Arbeit verwendet werden, als die Überwindung der Wehrkraft des Holzbrettes erfordert. Die Art und Stärke der Wehrkraft macht eben das Wesen und die Eigenschaften eines Stoffes aus. Das Holz wehrt sich, das Sonnenlicht durchzulassen, ist darin erfolgreich und läßt das Sonnenlicht nur noch als Wärme wirken. Das Glas wehrt sich gegen das Licht nicht, und die dadurch bewirkte Durchsichtigkeit ist seine eigentümlichste Eigenschaft. Das Zink hat keine Wehrkraft gegen Schwefelsäure, das Blei eine sehr bedeutende, der es eben seine vielfache praktische Verwendung verdankt. Die Wehrkraft des Tones gegen Wärme und Elektrizität ist sehr bedeutend, die des Kupfers sehr gering.

Die aktive Betätigung, die ja auch beim Menschen stets nur einer in oder außer ihm liegenden Ursache, einer Anregung, einem Drucke von außen entspringt, finden wir ebenfalls im Leblosen wieder: das in den Felsritzen gefrierende Eis zersprengt den Felsblock.

Auch das wichtigste Wehren der lebendigen Welt, das Wehren gegen den Tod, den Todeskampf, finden wir im Leblosen wieder. Wehrt sich der

Lebende kräftig gegen alles Schädliche, so wehrt er sich ganz besonders, bis aufs äußerste, mit dem ganzen Aufwand seiner Energie, gegen das ihm Schädlichste, gegen das ihn Vernichtende, gegen den Tod. Ebenso wehrt sich das Leblose ganz besonders gegen eine Veränderung seines Aggregatzustandes. So wehrt sich das Eisen mit einem gewissen Kraftaufwande gegen die Aufnahme von Wärme, gegen Erwärmung, und verwendet, seinen Widerstand zur Geltung bringend, einen großen Teil der zugeführten Wärme, statt zur eigenen Erwärmung, zur Vergrößerung seines Volums. Aber dieser Widerstand wächst ins Riesige, wenn man, beim Schmelzpunkt angelangt, das Eisen schmelzen will. Da muß eine außerordentlich große Menge Wärme, die Schmelzwärme, dem Eisen aufgezwungen werden, um es zu töten, um es dazu zu bringen, seine bisherige Eigenart aufzugeben, um es aus dem festen in den flüssigen Zustand hinüberzuzwingen – um es zu schmelzen.

Vom Hassen und Lieben des Leblosen haben wir bereits früher gesprochen und haben gesehen, wie sich die Elemente fliehen und suchen, wie sie das Verwandte – um sich damit zu verbinden – auswählen (Wahlverwandtschaft), so daß wir nun keinen Abgrund mehr sehen zwischen dem Leblosen und Lebenden, sondern nur Stufen, die vom einen zum andern hinaufführen.

Auch das Leblose paßt sich der Umgebung an; der Stein, indem er verwittert, paßt sich der Einwirkung der Atmosphäre an, ändert sich und „entwickelt" sich. Sowohl im Gebiete des Lebenden als dem des Leblosen werden Erinnerungen, Erfahrungen und Erlebnisse aufgehäuft, die das Individuum verändern und dadurch sein zukünftiges Benehmen beeinflussen. In beiden Gebieten finden wir Wehrkraft, also Charakter und Eigenschaften, ohne die die Welt ein gleichförmiges, wüstes Chaos und nicht ein mannigfaltiger Kosmos wäre. „Jeder freut sich seiner Stelle, bietet dem Verächter Trutz". In beiden Gebieten finden wir ein Aufeinanderwirken, einen Kampf zwischen Außenwelt und Individuum, dessen Ergebnis eben die Gesamtentwicklung der irdischen Natur ist.

So ist die Entwicklung nichts anderes als die stetige Betätigung der „Wehrkraft", die, wenn auch tausendmal überwunden, immer wieder in ursprünglicher Jugendfrische, herrlich wie am ersten Tag, erscheint. Die Wehrkraft ist die unerschöpfliche Quelle der tätigen Natur, sie ist der Wille der Welt. Sie ist die Wurzel, der Stamm, das Geäst und das Laubwerk der knorrigen Esche Yggdrasil, die, in ihrem Grunde beharrend, ihren Wipfel ausbreitend hinaufbaut in den Äther.

Während infolge der Wehrkraft alles fließt und sich ändert, steht die Wehrkraft selbst, der Wille der Welt, ewig still, wie der Regenbogen auf dem tosenden Wasserfall. Sie bleibt sich ewig gleich, nur ihre Bekleidung, die Weltmaskerade, wechselt. Der Schein wechselt, das Wesen bleibt.

Auf diese Weise hat die Chemie die Erde zerlegt, gemessen und gewogen und die Kluft zwischen Lebendigem und Leblosem zu überbrücken gesucht; aber sie hat auch neues Licht geworfen auf die Stellung der Erde im Weltall und insbesondere auf das Verhältnis der Erde zur Sonne.

Bevor wir darauf eingehen, wollen wir fragen – eine Frage, die unserem Gegenstande nur scheinbar fern liegt – was das Wesen einer Maschine ist. Zur Beantwortung dieser Frage betrachten wir die Dampfmaschine und die Dynamomaschine. Die Dampfmaschine verwandelt Wärme in mechanische Arbeit, also Wärmeenergie in mechanische Energie; die Dynamomaschine verwandelt mechanische Kraft in Elektrizität, also mechanische Energie in elektrische Energie. Maschinen sind also Geräte, die eine Art von Energie in eine andere verwandeln.

Nun erhält die Erde von der Sonne strahlende Energie, Licht. Ein Teil dieser Lichtstrahlung, dieser strahlenden Energie wird in der irdischen Atmosphäre in Wärme umgesetzt. Als Umwandler der strahlenden Energie in Wärmeenergie ist die Erde also eine Maschine, und die Wirkung der Arbeit dieser Maschine sind die geologischen und meteorologischen Ereignisse. Auch die pflanzlichen Organismen sind Maschinen, da in ihnen die strahlende Energie der Sonne in chemische Kräfte, in chemische Energie umgewandelt und zum Aufbau des Pflanzenkörpers verwendet wird. Die Tiere wieder nähren sich von den chemischen Kräften der Pflanze und verwandeln sie in tierische Masse, in Muskelkraft und in der weiteren Entwicklung, in Gehirnenergie, in Intelligenz. So ist die Erde vor allem eine Maschine zur Umwandlung von strahlender Energie in Wärme; die Pflanzen sind Maschinen zur Umwandlung von strahlender in chemische Energie und die Tiere zur Umwandlung von chemischer Energie in andere Formen. Je höher wir in der Entwicklungsreihe der Pflanze aufwärts steigen, um so besser wird die der Pflanze zuteil gewordene Lichtmenge ausgenutzt, um so wirksamer also wird die Maschine; ebenso nimmt auch im Tierreich der Wirkungsgrad und überdies die Mannigfaltigkeit der umgewandelten Energien stetig in der Entwicklungsreihe zu.

Während in den Sonnen die Umwandlung strahlender Energie in chemische, mechanische und Wärme-Energie eine sehr wesentliche Rolle spielt, sind die Nebelflecke offenbar Maschinen, in denen aus verdünnter schwacher Wärme und strahlender Energie, auf dem Umwege über chemische und mechanische Energie, starke, konzentrierte strahlende Energie erzeugt wird, wodurch sie schließlich in Sonnen übergehen.

Hiernach ist jeder Teil der Welt eine Maschine in bezug auf die von dem Rest der Welt auf ihn einwirkenden Energien. Für die Sonne als Dampfmaschine bedeutet der Rest des Weltalls den Dampfkessel. Die Planeten sind Maschinen vor allem in bezug auf die von der Sonne erhaltene Energie. Sie bringen selbst wieder im Laufe der Entwicklung Maschinen hervor, die Organismen, die die Energie in stets neue Formen umwandeln und das bunte Bild des Lebens zustande bringen. Für je mannigfaltigere Energien diese Organismen empfänglich sind, und je mannigfaltiger und wirksamer sie sie umwandeln, als um so vollkommener und höher bezeichnen wir sie.

Wenn man also bisher annahm, daß das Weltall einem Kältetode entgegengehe, so war diese Annahme nicht richtig. Denn dem Weltall stehen Mittel und Wege zur Verfügung, hohe Temperaturen aus anderen, auch ganz schwachen, ganz verdünnten Energien darzustellen. Die Möglichkeit, entweder unmittelbar oder auf Umwegen schwache, verdünnte Energien, wie Wärme, Elektrizität usw., in starke, konzentrierte umzuwandeln, ist eben durch den maschinellen Charakter der Welt bedingt. Wenn diese Wiederverstärkung der Energien nicht möglich wäre, dann müßte das Weltall – wenn es ewig ist – schon vor Ewigkeiten dem Kältetode und der starren Ruhe verfallen sein. Da wir nun aber sehen, daß die Sonnensysteme, die Sonnen, die Planeten, die Nebelflecke ebensogut Maschinen entsprechen, wie die von den Menschen gebauten Maschinen und die Organismen selbst, so können wir daraus die Ewigkeit des Geschehens verstehen.

Wenn wir nun den Begriff „Maschine“ etwas genauer untersuchen, so sehen wir alsbald, daß jeder Stoff, jede Materie, gleichgültig, ob lebend oder leblos, eine Maschine ist, das heißt, daß in allen ein Teil der auf sie einwirkenden Energien in andere Formen umgewandelt wird. Jede Materie und nach unserer Erfahrung nur die Materie ist eine Maschine zur Umwandlung von Energien. Die Materie hat also im Weltganzen die Aufgabe eines Energieumwandlers. Das Gesetz von der Erhaltung der Materie verbürgt die Ewigkeit der Energieumwandlungen durch die Ewigkeit und Unverminderbarkeit des Energieumwandlers.

Wir haben oben gesagt, daß die Maschinen, je höher wir in der Entwicklungsreihe aufwärts steigen, um so mannigfaltigere Tätigkeiten ausüben, indem eine stets wachsende Zahl von Energiearten in stets wirksamerer Weise in ihnen zur Umwandlung gelangt. So bedarf die Pflanze nur einer beschränkten Zahl von Strahlenarten, auch das niedrige Tier empfindet nur ein enges Gebiet der Strahlung, verglichen mit dem Menschen, auf den eine ganze Menge von Strahlen einwirkt.

Der maschinelle Charakter der unorganischen Stoffe ist viel einfacher als der der Tiere, in denen durch die Entwicklung und Verfeinerung mehrerer Sinne die Umwandlung einer viel größeren Zahl von Energien ermöglicht ist. Die unorganischen Maschinen werden nur von einer geringen Zahl von

Energien, und von jeder nur in einem eigenen Wirkungsgrade beeinflußt. Gewisse Energien werden mehr oder weniger umgewandelt, andere wieder gehen völlig oder fast völlig unverändert durch. So läßt z. B. Fensterglas einen großen Teil des Farbenspektrums, einen großen Teil der Sonnenstrahlung unverändert durch, es ist aber eine Maschine in bezug auf die sogenannten Ultrastrahlen, während es elektrische Energie im Gegensatz zu Kupfer gar nicht durchläßt. Von gewissen unorganischen Materien wird strahlende Energie, von anderen wieder Wärme in chemische Energie umgesetzt. Noch weniger mannigfaltig in ihrer Wirkung als die natürlichen unorganischen Maschinen sind die von den Menschen gebauten Maschinen, da sie nur der Umwandlung einer Energie fähig sind. So setzt die Dampfmaschine Wärme in mechanische Energie um, ist aber völlig unbrauchbar zur Umwandlung von mechanischer in elektrische Energie oder umgekehrt.

Wir können also sagen: Alle Stoffe, alle Materien sind Maschinen, in allen werden gewisse einwirkende Energien in andere Formen umgewandelt. Die Zahl der umgewandelten Energien ist am geringsten und die Umwandlung am unvollständigsten in unorganischen Materien. Die Zahl der umgewandelten Energien, und die Vollständigkeit der Umwandlung wächst, wenn wir in der Entwicklungsreihe der Organismen aufwärts steigen.

Nun können wir auch den wesentlichen Unterschied zwischen physikalischen und chemischen Vorgängen klar fassen: physikalische Erscheinungen sind solche, bei denen eine Energieumwandlung mit Hilfe einer Materie stattfindet, z. B. das Schmelzen eines Metalles, oder das Elektrischwerden verschiedener Stoffe; dies ist vergleichbar einer in Gang kommenden oder im Gang befindlichen Dampfmaschine. Eine chemische Erscheinung dagegen ist die Herstellung einer neuen Maschine aus den Teilen zweier oder mehrerer alter Maschinen und ist daher vergleichbar dem Bau oder der Konstruktion einer neuen Maschine. Hier eine Maschinenfabrik, dort eine in Betrieb kommende oder im Betriebe stehende Maschine.

Alles Geschehen im Weltall beruht auf diesem Aufeinanderwirken von Materie und Energie. In diesem ewigen Streite kämpft jeder der beiden Kämpfer so weit, wie seine Kräfte reichen; sind die Kräfte des einen Kämpfers erschöpft, so muß er sich ergeben oder zum mindesten nachgeben, und, auf halbem Wege dem Gegner entgegenkommend, sich ihm anpassen. In dieser wahrhaft ewigen, nie ruhenden Schlacht wird das eine durch das andere beeinflußt, das eine durch das andere verändert. So ist die Materie der große Energieumwandler, die Energie der große Materienumwandler. Durch den Widerstand der Materie im elektrischen Widerstandsofen wird die Elektrizität zur Wärme (Energieumwandlung), durch den Einfluß des elektrischen Stromes wird das Wasser in Wasserstoff und Sauerstoff zerlegt (Materienumwandlung).

Damit wollen wir unsere romantische Wanderung durch das Gebiet der Chemie beschließen.

---

## Fußnoten:

[1] Über die vielseitige Verwendung der Salpetersäure und der Salpeterschwefelsäure in der Sprengstoffabrikation wie in der chemischen Technik überhaupt gibt die beifolgende Tabelle aus dem „Deutschen Museum" Aufschluß:

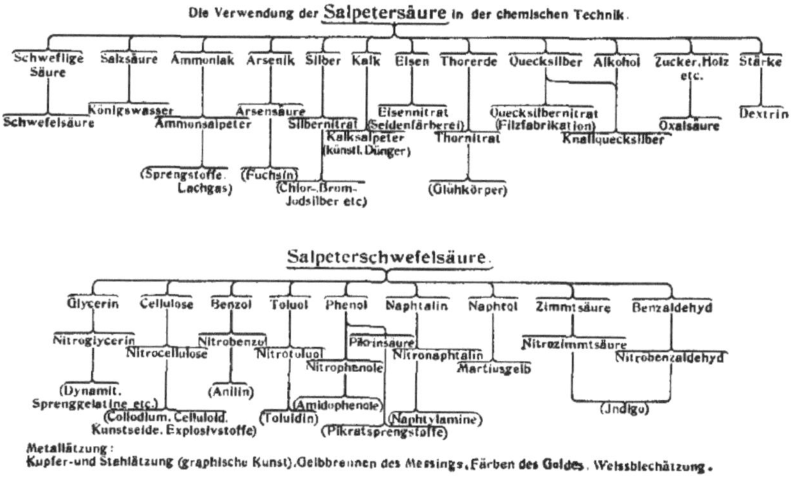


Größere Darstellung: bitte hier klicken

[2] Geitel, Siegeslauf der Technik.

[3] Siehe Nagel, Die Welt als Arbeit, Stuttgart, 1909.